KB184896

"자연과 조화로운 삶"을 꿈꾸며

허학영

서문

생물다양성은 생명 다양성이며 인류 생존의 필수적 요소입니다. 하지만, 인류가 직면해 있는 생물다양성 손실 문제에 대한 시급성 인지는 국가나 개개인에 따라 그 차이가 매우 큰 것이 사실입니다. 지속가능발전(Sustainable Development) 개념의 대두와 함께 국제사회에서 기후변화, 생물다양성 이슈가 지속적으로 논의되고 글로벌 합의가 몇 차례 이뤄진 바 있습니다. 하지만 제3차 UN 지속가능발전정상회의(Rio+20)에서 논의한 "우리가 원하는 미래(The Future We Want)"의 구현 가능성은 명확하지 않은 게 사실입니다.

생물다양성협약(CBD) 등 국제사회에서는 이제 우리는 "지구의 안녕과 인류의 생존을 위해 전환적인 변화(Transformative Change)가 필요"하다고 합니다. 2030년까지 전 지구의 30%를 보호하겠다는 글로벌 보전 목표(30by30 target)가 새롭게 채택되었고, 많은 국가에서 지구 보호에 앞장서겠다는 선언에 나서고 있습니다. 일례로 30x30 목표 성취를 위한 "생물다양성 보전지역 확대 연합(High Ambition Coalition)"에 동참을 선언한 국가는 우리나라를 비롯하여 프랑스, 코스타리카, 영국 등 100여개국 이상이 참여하고 있습니다.

Covid-19 이후 자연과의 공존·상생은 어느 때보다 폭 넓은 공감대를 얻고 있습니다. 자 이제는 행동을 해야 할 시기입니다.

본서의 제목인 "생물다양성+"는 생물다양성과 더불어 지속가능한 밝은 미래를 꿈꾸며, 이와 연관된 주제 4가지를 엮어보았습니다.

- ▶ 생물다양성 + 지속가능발전 : 자연에 투자하는 것이, 우리 모두가 원하는 미래에 투자하는 것...
- ▶ 생물다양성 + 평화(Peace) : 생명의 공존, 평화로운 지구 생태 공동체를 꿈꾸며...
- ▶ 생물다양성 + 보호지역(Protected Area)과 자연공존지역 (OECM) : 자연 공존 · 상생지역,
  모든 국민이 향유(Sharing)와 돌봄(Caring)을 함께하고, 건강한 자연을 미래 세대에 계승해야...
- ▶ 생물다양성 + 한반도 생태공동체 : 자연환경 분야 남북 협력을 통한 구현 ...

관련한 글로벌 논의 동향과 더불어 개념적 이해를 돕기 위한 내용을 중심으로 정리하였으나, 광범위한 주제인 만큼 다소 미흡한 부분이 많은 것이 사실입니다. 가까운 시일안에 이를 보완 · 개정해 볼 수 있기를 희망하며 미약하나마 독자들의 이해를 돕는데 기여할 수 있기를 바랍니다.

2023. 결실의 계절에, 허학영

1

생물다양성(Biodiversity) +:
지속가능발전(Sustainable Development)

자연에 투자하는 것이, 우리 모두가 원하는 미래에 투자하는 것

2

생물다양성(Biodiversity) [+]:
평화(Peace)

자연과 사람의 공존, 평화로운 지구 생태공동체를 꿈꾸며

3

생물다양성(Biodiversity) [+]:
보호지역(Protected Areas) + 자연공존지역(OECM)

자연 공존 · 상생지역, 모든 국민이 향유(Sharing)와
돌봄(Caring)을 함께하고 건강한 자연을 미래 세대에 계승해야

4

생물다양성(Biodiversity) [+]:

한반도 생태공동체(남북 협력)

한반도 생태공동체, 자연환경 분야 남북협력을 통한 구현

부록 :

새로운 글로벌보전목표(K-M GBF)

성취를 위해 고려해야 할 사항

1장

생물다양성(Biodiversity)[+]
지속가능발전(Sustainable Development)

생물다양성(*Biodiversity*)[+] : 지속가능발전(*Sustainable Development*)

자연에 투자하는 것이,
우리 모두가 원하는 미래에 투자하는 것...

세계적 환경경제학 석학이신 파르타 다스 굽타(Partha Dasgupta) 교수께서 '생물다양성의 경제학(Biodiversity and Economics: building a sustainable future for all)'에서 언급하고 있듯이 생물다양성은 생명의 다양성이며, 인류를 포함한 모든 생명의 근원인 자연의 건강성과 회복력을 대표한다고 할 수 있을 것입니다. 다시 말해서 '인류가 자연 속에 내재되어 있음'을 고려하면, 인류의 생존과 복지는 전적으로 이 생물권(biosphere)[1]에 의존하고 있다고 할 수 있기 때문에, 인류의 미래 또한 자연과 생물다양성을 어떻게 효과적으로 보호 · 보전하고 현명하게 이용하느냐에 달려있다고 할 수 있습니다.

---

1 유네스코가 주최한 '생물권 자원의 합리적인 이용과 보전의 과학적 기초에 관한 정부간 전문가 회의(1968년, 파리)'에서 생물권(biosphere)이란 용어가 국제사회에 처음 등장

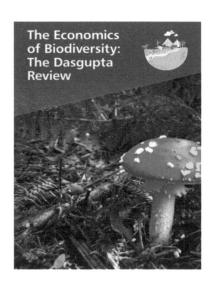

    이는 제70차 UN 총회('15년)에서 채택된 '지속가능발전목표(SDGs: Sustainable Development Goal)'의 경제, 사회, 환경의 조화 · 통합을 통한 지속가능한 발전이라는 접근과 맥락을 함께하고 있습니다. 오늘날 세계가 직면하고 있는 가장 큰 도전과제이며 지속가능발전을 위한 필수조건 중 하나로, 경제 · 사회 발전의 기초가 되는 자연자원을 보호 · 관리하는 것이 지속가능발전의 가장 중요한 목표이자 필수조건의 하나임[2]을 고려하면, SDGs의 성취에 있어 "보전에 기반한 지속가능발전 모델"의 의미가 매우 크다고 할 수 있습니다. 또한 생물다양성협약(CBD)은 지난 12월 제15차 당사국총회('22.12.)에서 '자연과 조화로

---

2 2012년 브라질 리우데자네이루에서 개최되었던 유엔지속가능개발회의(Rio+20)의 결과문서인 "우리가 원하는 미래(The Future we Want)"
http://www.un.org/disabilities/documents/rio20_outcome_document_complete.pdf

운 삶'이라는 2050 비전과 UN 지속가능발전목표(SDGs: Sustainable Development Goal)의 구현을 위해 향후 10년간(by2030)의 새로운 보전 목표(쿤밍–몬트리올 글로벌 생물다양성 프레임워크(Kunming–Montreal Global Biodiversity Framework))를 채택하였습니다.

이 장에서는 생물다양성 보전과 현명한 이용을 통해 "자연과 조화로운 삶"이라는 미래 비전 성취를 위해, 인류가 나아가야 할 방향에 대해 국제사회가 합의한 주요 글로벌 목표와 최근 대두되고 있는 새로운 보전 패러다임에 대해 소개 해드리고자 합니다[3].

---

[3] 2021년 유네스코 인간과생물권(MAB) 프로그램 50주년 기념 심포지엄에서 발표한 '지속가능발전목표(SDGs) 및 Post–2020 생물다양성프레임워크(GBF) 실행을 위한 생물권보전지역의 역할'이라는 주제로 발표했던 내용을 토대로 정리

제70차 UN 총회(2015.9)에서 지구와 인류를 위한 향후 15년간의 전 지구적 의제를 담은 새로운 지속가능발전목표(SDGs: Sustainable Development Goals)[4]를 결정하였는데, 이는 서문(Preamble), 선언(Declaration), 지속가능발전목표(SDGs), 이행수단 및 글로벌 파트너십으로 구성되어 있다. SDGs는 17개의 지속가능발전목표와 169개의 세부목표로 구성되어 있으며, 3가지 차원(경제, 사회, 환경)에서의 지속가능발전이 조화되고 통합되는 것을 추구하고 있다. 서문에서는 5개의 중요한 분야를 언급하고 있는데 이는 People, Planet, Prosperity, Peace, Partnership(사람, 지구, 번영, 평화, 파트너십)이다.

● People : 빈곤과 기아의 종식, 모든 인간이 건강한 환경에서 존엄과 평등
● Planet : 지구보호, 지속가능한 자연자원관리, 기후변화 대응, 지속가능 소비와 생산
● Prosperity : 인류가 자연과 조화되어 경제/사회/기술적 진보와 삶의 번영 향유
● Peace : 평화촉진(공포와 폭력으로부터 자유로운 사회), 평화가 없는 지속가능발전은 불가능하며, 지속가능발전이 없는 평화는 없음
● Partnership : 지속가능발전을 위해 글로벌 파트너십의 재활성화를 통한 SDGs 이행

---

4 UN post-2015 development agenda: TRANSFORMING OUR WORLD: THE 2030 AGENDA FOR SUSTAINABLE DEVELOPMENT

새천년개발목표(MDGs)[5]는 개도국의 사회분야 이슈를 중심으로 다룬 반면, SDGs는 모든 국가를 대상으로 경제 성장, 건강한 삶, 기후변화 등 폭 넓은 이슈를 다루고 있으며, SDGs의 17개 목표는 아래와 같다.

- Goal 1. 모든 곳에서 모든 형태의 빈곤 종식
- Goal 2. 기아 종식, 식량 안보와 영양개선, 지속가능한 농업 촉진
- Goal 3. 건강한 삶 보장, 모든 세대의 복지 촉진
- Goal 4. 포괄적이고 공평한 양질의 교육 보장, 평생교육기회 증진
- Goal 5. 성 평등 성취, 모든 여성의 권리 증진
- Goal 6. 모든 사람을 위한 식수 · 위생시설의 이용성과 지속가능한 관리 보장
- Goal 7. 에너지 접근성 보장(적합하고, 신뢰할 수 있고, 지속가능하고, 현대적인)
- Goal 8. 포괄적이며 지속가능한 경제성장 촉진(생산적 완전고용, 좋은 일자리)
- Goal 9. 건실한 인프라 구축, 포괄적이며 지속가능한 산업화 촉진, 혁신 증진
- Goal 10. 국가 내, 국가 간 불평등 감소
- Goal 11. 안전하고, 쾌적하며 지속가능한 도시 및 정주지 건설
- Goal 12. 지속가능한 소비 및 생산 패턴 보장
- Goal 13. 기후변화와 그 영향의 방지를 위한 시급한 대응 시행
- Goal 14. 지속가능발전을 위한 해양 및 자원의 보전과 지속가능한 이용
- Goal 15. 육상생태계의 보호/복원 및 지속가능한 이용 도모(지속가

---

5 UN에서 2000년에 채택된 의제(2001~2015)로서 8개 목표 21개 세부목표로 구성되어 있으며, 주로 개도국 중심의 사회 분야(빈곤, 의료, 교육 등) 내용을 담고 있음

능한 숲 관리, 사막화 방지, 보전지 훼손 및 생물다양성 손실 중지)

- Goal 16. 지속가능발전을 위한 포괄적이며 평화로운 사회 촉진
- Goal 17. 이행수단 강화 및 지속가능발전을 위한 글로벌 파트너쉽 재
  활성화

SDGs는 포괄적이며 구체적이고 다양한 목표를 담고 있어 생물권보
전지역 등 보호지역과 직·간접적으로 연관되어 있는 목표가 다수 있는
것으로 나타났다(총 17개 중 10개 목표, 169개 세부목표 중 32개 세부
목표).

이는 지속가능발전목표(SDGs) 성취에 있어 생물다양성 등 자연 보
전 분야가 필수적임을 방증한다고 할 수 있으며, 국내 보호지역에서
SDGs 성취에 기여할 수 있는 추진과제 도출을 위한 연구[6]에 따르면 ①
자연자원의 지속가능한 이용, ②과학 기반의 기후변화 능동적 대응, ③
지속가능(육상) 자연자원 보전·관리, ④지속가능(해양)자연자원 보
전·관리, ⑤자연과 사람의 공존, ⑥지속가능발전 파트너십 활성화 등

6 국립공원연구원(2017) 국내 보호지역의 UN SDGs 이행전략 수립 연구 : 국립공
   원·생물권보전지역 사례를 중심으로

6개 분야, 15개 추진과제를 제시하고 있다.

〈 SDGs를 반영한 보호지역 관련 추진과제 (국립공원연구원, 2017) 〉

Post-2020 글로벌 생물다양성 프레임워크 *(K-M GBF)*[7]

    생물다양성협약(CBD) 제14차 당사국총회에서 "Post-2020 글로벌 생물다양성 프레임워크(GBF; Global Biodiversity Framework)" 작성을 위한 개방형 작업반(Open-ended Work Group) 구성 등 수립 절차 마련을 의결[8]한 후, 2차례[9]의 공식적인 작업반 회의와 제24차 과학기술자문기구 회의(SBSTTA) 논의 결과 등을 반영하여 Post-2020 GBF 1차 초안(first darft, '21.7.)이 마련되었으며, 지난 3차 작업반 회의(1부 비대면회의)에서[10] 1차 초안에 대한 국가별 의견과 제안 문안을 취합 · 정리하였다. 이후 다양한 논의를 거쳐 제15차 당사국총회(, '22.12)에서 2050 비전[11] 달성을

---

7   Post-2020 GBF 1차 초안(first darft, '21.7.)과 최종 채택된 Kunming-Montreal GBF를 같이 정리한 자료(1차 초안을 토대로 다양한 논의를 거쳐 2023.12월 캐나다 몬트리올에서 열린 COP-15에서 최종 23개 실천목표(Action Target)가 채택. 협상 과정을 통해 최종 채택된 목표와 다소 차이를 보이며, 목표의 제안한 취지와 협상과정을 통해 어떻게 변화하였는지를 가늠할 수 있도록, 뒤에 표에서 최종 채택된 문안을 같이 삽입하였습니다.

8   CBD Decision ⅩⅣ/34

9   Post-2020 GBF working group 1차 회의(2019. 8. 27-30, 케냐 나이로비), 2차 회의(2020. 2. 24-29, 이탈리아 로마)

10   3차 회의(1부, 2021.8.23.-9.3. 온라인), '22 1월 제네바에서 2부(대면회의) 예정

11   The vision is a world of "Living in harmony with nature" where "By 2050, biodiversity is valued, conserved, restored and wisely used, maintaining ecosystem services, sustaining a healthy planet and delivering benefits essential for all people."

위한 향후 10년간의 전략계획과 목표가 채택되었습니다.

〈K-M GBF 수립 개요〉

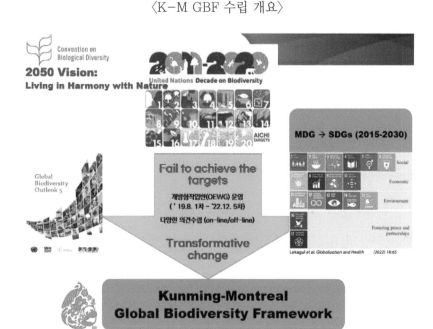

본고에서는 Post-2020 GBF 1차 초안(first darft, '21.7.)과 1차 초안을 토대로 다양한 논의를 거쳐 2023.12월 캐나다 몬트리올(COP-15)에서 최종 채택된 Kunming-Montreal GBF를 같이 정리하였는데, 이는 목표의 제안 취지를 잘 반영한 초안과, 협상 과정을 통해 변화된 최종 목표를 같이 살펴 봄으로서 목표 취지와 협상 과정 변화를 좀 더 잘 가늠할 수 있기를 기대하였습니다.

제15차 생물다양성협약(CBD)당사국총회(COP-15, '22.12.7.~12.19., 캐나다 몬트리올)는 Covid-19 이후 처음 열린 대면 당사국총회로 196개 당사국, 국제기구, 전문가, 시민사회단체 등 많은 관심 속에 개최되었다. 6가지 핵심 의제 일괄 채택 등 향후 10년간의 생물다양성협약의 활동방향 등에 대한 다양한 결정문이 채택되었습니다.

① 쿤밍-몬트리올 글로벌 생물다양성 프레임워크(의제 9A),

② 모니터링 프레임워크(의제 9B),

③ 유전자원에 관한 디지털서열정보(의제 11),

④ 자원동원(의제 12A),

⑤ 역량구축및 과학기술협력(의제 13A),

⑥ 계획, 모니터링, 보고 및 검토 체계(의제 14)

Post-2020 GBF와 SDGs의 관련성에 대해 Post-2020 GBF 1차 초안[12]에서 2030 지속가능발전 의제(2030 Agenda for Sustainable

---

12 CBD/WG2020/3/3 (2021.7.5.)

Development) 이행에 근본적으로 기여할 수 있을 것으로 밝히고 있으며, 동시에 지속가능발전목표를 위한 진전은 GBF 이행을 위해 필요한 여건을 조성하는데 도움을 줄 수 있을 것으로 보고 있습니다.

1차 초안은 2050 Vision, 2050 Goal과 2030 Milestone, 2030 Action Targets 등으로 구성되어 있다. 2050 Vision은 "자연과 조화로운 삶(Living in Harmony with Nature)"이라는 기존 비전을 그대로 계승하고 있으며, 비전과 관련하여 4개의 장기 목표(2050)를 제시하고 장기목표별로 성과를 진단하기 위한 2~3개의 이정표(2030 milestone)를 제시하고 있다. 또한 21개의 행동지향적 실행목표와 이행 모니터링 지표를 제안(Proposed indicator)를 제시하고 있다.

먼저 4개의 장기목표를 살펴보면,"목표 A"는 모든 종이 건강하고 회복력 있는 개체군을 유지할 수 있도록, 자연 생태계의 면적, 연결성 및 완전성(integrity)을 최소 15% 증가시켜 전체 생태계의 완전성을 향상시키고, 멸종률을 최소 10배 감소시키며, 모든 종의 멸종위험을 반감시키고, 모든 종 내 최소 90%의 유전적 다양성을 유지하여 야생종 및 가축종의 유전적 다양성을 보호한다[13]. "목표 B"는 모두의 이익을 위한 글로

---

13 Milestone A.1. 자연계(natural system)의 면적, 연결성, 완전성을 최소 5% 순증(net gain)
    Milestone A.2. 멸종률 증가의 중지 또는 역전세를 증가, 멸종위기 최소 10% 감소, 종 풍부도 및 개체군 분포를 강화하거나 최소한 그대로 유지
    Milestone A.3. 최소 90%의 유전적 다양성이 유지된 종의 비율을 증가시켜 야생종 및 가축종의 유전적 다양성 보호

벌 발전 의제를 지원하는 보전 및 지속가능한 이용을 통해 인간에게 제공되는 자연의 기여에 대한 가치를 인정하고 그 기여를 유지 또는 증진시킨다[14]. "목표 C"는 생물다양성의 보전 및 지속가능한 이용 등을 위해 유전자원의 이용으로부터 발생한 혜택을 공정하고 공평하게 공유하고 금전적 및 비금전적 이익의 공유를 상당한 수준으로 증가시킨다[15]. "목표 D"는 가용한 재정 및 기타 이행 수단과 2050 비전 달성을 위해 필요한 수준과의 격차를 해소한다[16].

Post-2020 GBF의 실행목표(Action Targets)는 "생물다양성 위협 감소", "지속가능한 이용과 이익공유를 통한 인간의 필요 충족", "이행 및 주류화를 위한 도구 및 해결책"으로 구분하여 총 21개로 구성되어 있으며, 이러한 21가지 행동지향 목표는 2030년까지 완료되어야 하며, 이를

---

14 Milestone B.1. 자연, 인간에 대한 자연의 기여가 완전하게 고려되고, 관련된 모든 의사결정(공공/민간)에 반영(inform)
Milestone B.2. 모든 범주의 자연의 기여에 관한 장기적인 지속가능성을 보장하고 현재 감소하고 있는 자연의 기여를 회복(관련된 각 지속가능발전목표에 기여)

15 Milestone C.1. 전통지식 보유자를 포함한 제공자가 수령하는 금전적 이익의 비율이 증가.
Milestone C.2. 연구 및 개발에 전통지식 보유자를 포함한 제공자의 참여 등 비금전적 이익이 증가.

16 Milestone D.1. 체제(Framework) 이행을 위한 적절한 재정자원이 사용가능하며 효율적으로 활용되어 2030년까지 점진적으로 연간 최소 7,000억 달러의 재정 격차를 좁힌다.
Milestone D.2. 2030년까지 체제 이행을 위한 역량 강화 및 개발, 기술 및 과학 협력, 기술 이전 등 적절한 기타 수단이 사용가능하게 되며 효율적으로 활용
Milestone D.3. 2030년-2040년까지의 기간에 대한 적절한 재정 및 기타 자원을 2030년까지 계획하거나 약정

통해 2030 이정표 및 성과지향적 2050 목표의 성취와 연결되어 있다.

먼저 "생물다양성 위협 감소"와 관련하여 8개의 실천목표를 제시하고 있는데, 모든 지역에서의 통합공간계획의 필요성과 더불어 훼손지 복원(최소 20%), 보호지역 강화(30%) 등의 목표를 제시하고 있다. 이 중 현지-내 보전 목표를 설정한 목표3의 경우 기존의 보호지역뿐만 아니라 기타효과적인보전수단(OECMs)[17]을 포함한 목표 설정을 하고 있는데 최근 IUCN 지침서[18]에 따르면 생물권보전지역이 잠재적인 OECM

---

17 보호지역은 아니지만 생물다양성, 연관된 생태계 기능과 서비스, 경우에 따라 문화적/영적/사회 · 경제적/기타 지역적으로 연관된 가치의 긍정적이고 지속가능한 현지 내 보전 성과를 성취하는 방향으로 운영 · 관리되는 지리적으로 규정된 지역(a geographically defined area other than a Protected Area, which is governed and managed in ways that achieve positive and sustained long-term outcomes for the in situ conservation of biodiversity, with associated ecosystem functions and services and where applicable, cultural, spiritual, socio-economic, and other locally relevant values) (CBD Decision ⅩⅣ/8)

18 IUCN-WCPA Task Force on OECMs, (2019). Recognising and reporting other effective area-based conservation measures. Gland, Switzerland : IUCN.

으로 고려될 수 있으며, 이 경우 생물권보전지역이 양적인 목표성취 기여는 물론 질적지표(생태계 대표성과 연결성 증진, 광역적 경관으로의 통합 등)의 성취에도 기여할 수 있을 것으로 판단된다.

---

1. **Reducing Threats to Biodiversity**
   (생물다양성에 대한 위협 저감 : Target 1~8)

초안 T1. 전 세계적으로 **모든** 육상 및 해양 지역이 그 지역의 이용 변화를 다루며 생물다양성을 포괄하는 **통합 공간계획**을 따름(기존의 원시 및 야생지역을 유지)

Target 1 : 생물다양성이 통합된 포괄적 공간계획 (토지/해양 이용 변화의 효과적 관리 절차)

모든 지역이 생물다양성이 통합된 포괄적 공간계획 및/또는 토지 · 해양의 이용변화를 다루는 효과적 관리절차를 보장함으로서, <u>생물다양성의 중요도가 높은 지역의 손실을 완전히 없앰</u>(토착민과 지역사회 권리 존중)

Ensure that all areas are under participatory integrated biodiversity inclusive spatial planning and/or effective management processes addressing land and sea use change, to bring the loss of areas of high biodiversity importance, <u>including ecosystems of high ecological integrity, close to zero by 2030</u>, while respecting the rights of indigenous peoples and local communities.

초안 T2. 훼손된 생태계(육상, 담수, 해양)의 **최소 20%** 복원, 생태계 연결성 보장(우선순위가 높은 생태계 집중)

Target 2 : 훼손 생태계의 최소 30% 복원

훼손된 육지/내수/연안/해양 생태계의 최소 30%를 효과적으로 복원하여, 생물다양성, 생태계 기능과 서비스, 생태적 온전성과 연결성을 강화시킴

Ensure that by 2030 at least 30 per cent of areas of degraded terrestrial, inland water, and coastal and marine ecosystems <u>are under effective restoration</u>, in order to enhance biodiversity and ecosystem functions and services, ecological integrity and connectivity.

초안 T3. (특히, 생물다양성, 인간에 대한 생물다양성의 기여에 중요한 지역 등) 전 세계 육상 및 해양 지역의 **최소 30%가** 효과적이고 공평하게 관리되 며 생태적 대표성과 연결성이 확보된 **보호지역 및 기타 효과적인 지역기반보전수단(OECMs)**을 통해 보전되며, 이들 지역이 보다 광범위한 육상/해양경관에 통합

Target 3 : 보호지역/OECM을 통해 지구의 최소 30% 보전

모든 육지/내수/연안/해양(특히, 생물다양성과 생태계 기능 및 서비스 측면에서 중요한 지역)의 최소 30%가 보호지역 및 기타효과적인지역기반보전수단(OECMs) 관리 체계(생태계대표성, 연결성, 공평한 거버넌스)를 통해 효과적으로 보전·관리됨 (IPLC권리 존중)

Ensure and enable that by 2030 at least 30 per cent of terrestrial, inland water, and of coastal and marine areas, especially areas of <u>particular importance for biodiversity and ecosystem functions and services</u>, are <u>effectively conserved and managed through ecologically representative, well-connected and equitably governed systems of protected areas and other effective area-based conservation measures</u>, recognizing indigenous and traditional territories, where applicable, and <u>integrated into wider landscapes, seascapes and the ocean</u>, while ensuring that any sustainable use, where appropriate in such areas, is fully consistent with conservation outcomes, recognizing and respecting the rights of indigenous peoples and local communities, including over their traditional territories.

초안 T4. 현지-외 보전 등 적극적 관리 활동을 통해 종 복원 및 보전, 야생종 및 가축 종에 대한 유전적 다양성을 보장하고, 인간-야생생물 갈등을 방지/감소시키기 위해 인간과 야생생물 간 상호작용을 효과적으로 관리

Target 4 : 멸종위기종 등 보전·복원(인간이 초래한 멸종 중단), 유전다양성유지·복원, 인간/야생 충돌 최소화

인간이 초래하는 것으로 알려진 멸종을 중단시키고 멸종위기종 등을 보전·복원하며, 토착종·야생종·가축종의유전적 다양성을 유지·복원하여 적응력을 유지하고, 현지 내 및 현지 외 보전 및 지속가능한관리 접근, 효과적으로 관리되는 인간과 야생동물의 상호작용(충돌 최소화)을 통해 공존 도모

Ensure urgent management actions to halt human induced extinction of known threatened species and for the recovery and conservation of species, in particular threatened species, to significantly reduce extinction risk, as well as to maintain and restore the genetic diversity within and between populations of native, wild and domesticated species to maintain their adaptive potential, including through in situ and ex situ conservation and sustainable management practices, and effectively manage human-wildlife interactions to minimize human-wildlife conflict for coexistence.

초안 T5. 야생종의 포획/거래/이용이 지속가능/적법하며, 인간 건강을 위해 안
　　　 전한 방식으로 이루어지도록 보장

Target 5 : 야생종의 지속가능하고 안전하고 합법적인 이용, 수확, 거래, 생태계
접근법 적용

야생종의 이용, 수확, 거래가 지속가능하고, 안전하고, 합법적이도록 하며, 남획
방지, 의도치 않은 종과 생태계에 대한 영향 최소화, 병원균 유출 위험을 감소시
키고 생태계 접근법을 적용함(IPLC권리 존중)

Ensure that the use, harvesting and trade of wild species is sustainable, safe and
legal, preventing overexploitation, minimizing impacts on non-target species
and ecosystems, and reducing the risk of pathogen spill-over, applying the
ecosystem approach, while respecting and protecting customary sustainable use
by indigenous peoples and local communities.

초안 T6. 우선 종/지역에 초점을 맞춰 침입외래종 유입경로를 관리하며, 유입 및
　　　 정착을 방지하여 그 비율을 **최소 50%로 감소**시키고, 침입외래종의 영향
　　　 을 제거하거나 줄이기 위해 이를 통제 또는 퇴치

Target 6 : 침입외래종의 유입/정착률 최소 50% 감소

외래종의 유입 경로를 확인·관리하고, 우선순위 침입외래종의 유입 및 정착을
막음으로써 침입외래종의 영향을 제거, 최소화, 감소시키거나 저감시키고, 그
밖에 알려지거나 잠재적인 침입외래종의 유입·정착률을 최소 50% 낮춤(특히
섬과 같은 우선순위 지역에서 침입외래종의 개체 수를 제거 또는 조절)

Eliminate, minimize, reduce and or mitigate the impacts of invasive alien
species on biodiversity and ecosystem services by identifying and managing
pathways of the introduction of alien species, preventing the introduction and
establishment of priority invasive alien species, reducing the rates of introduction
and establishment of other known or potential invasive alien species by at least
50 per cent, by 2030, eradicating or controlling invasive alien species especially
in priority sites, such as islands.

초안 T7. 환경으로 **유실되는 양분을 최소 절반으로** 감소시키고 **살충제 사용을 최
소 2/3로** 줄이며 **플라스틱 폐기물 배출을 제거**하는 등의 노력을 통해
모든 오염원을 생물다양성, 생태계 기능 및 인간 건강에 유해하지 않
은 수준으로 감소

Target 7 : 오염 영향 저감(부영양화와 살충제 50% 감소 등)

누적 효과를 고려하여 생물다양성과 생태계 기능 및 서비스에 유해하지 않은 수
준으로 모든 오염원의 위험과 부정적 영향 감소(환경에 유실되는 과다 영양을 최
소 절반으로 저감(식량안보와 생계를 고려), 과학 기반의 통합적 해충 관리 등을
통해 살충제와 유해한 화학물질로부터의 위험을 절반으로 감소, 플라스틱 오염
의 방지 및 감소·제거를 위한 노력) Reduce pollution risks and the negative impact
of pollution from all sources, by 2030, to levels that are not harmful to biodiversity and
ecosystem functions and services, considering cumulative effects, including : reducing
excess nutrients lost to the environment by at least half including through more efficient
nutrient cycling and use; reducing the overall risk from pesticides and highly hazardous
chemicals by at least half including through integrated pest management, based on
science, taking into account food security and livelihoods; and also preventing, reducing,
and working towards eliminating plastic pollution.

초안 T8. 생물다양성에 대한 기후변화의 영향을 최소화하고, **생태계기반접근
법**을 통해 완화 및 적응에 기여하여 세계적인 완화 노력에 **연간 최소
10GtCO2e를 공헌, 모든 완화 및 적응 노력이 생물다양성에 대한 부정
적인 영향을 미치는 것을 방지하도록 보장**

Target 8 : 기후변화 및 해양산성화의 생물다양성 부정적 영향 최소화

자연기반해법 또는 생태계기반접근을 포함한 저감, 적응, 재해 위험 감소 행동
을 통해 기후변화 및 해양산성화가 생물다양성에 미치는 영향을 최소화하고, 생
물다양성의 회복력을 증진(동시에 기후 행동이 생물다양성에 미치는 부정적 영
향은 최소화하고 긍정적 영향은 촉진)

Minimize the impact of climate change and ocean acidification on biodiversity
and increase its resilience through mitigation, adaptation, and disaster risk
reduction actions, including through nature-based solution and/or ecosystem-
based approaches, while minimizing negative and fostering positive impacts of
climate action on biodiversity.

"지속가능한 이용과 이익공유를 통한 인간의 필요 충족"분야는 5개 목표를 제시하고 있는데 생태계서비스 관련 항목과 혜택 공유와 관련된 내용이 주를 이루고 있다.

---

2. Meeting people's needs through sustainable use and benefit-sharing
(지속 가능한 이용 및 이익 공유를 위한 인간의 요구충족 Target9~13)

초안 T9. 야생(육상, 담수, 해양) 생물종의 지속가능한 관리와 토착민/지역공동체의 관습적인 지속가능한 이용의 보호를 통해 인간, 특히 가장 취약한 계층을 위한 영양, 식량 안보, 의약품, 생계 등 이익을 보장

Target 9 : 야생종의 지속 가능한 관리/이용 보장 (사회·경제·환경적 이익)
사람들(특히, 취약한 상황에 처해있거나 생물다양성 의존도가 큰)에게 사회적·경제적·환경적 이익이 되도록 생물다양성 기반 활동, 제품, 서비스를 포함하여 야생종 관리 및 이용이 지속가능하도록 보장(IPLC의 관습적인 지속 가능한 이용 보호·장려)

Ensure that the management and use of wild species are sustainable, thereby providing social, economic and environmental benefits for people, especially those in vulnerable situations and those most dependent on biodiversity, including through sustainable biodiversity-based activities, products and services that enhance biodiversity, and protecting and encouraging customary sustainable use by indigenous peoples and local communities.

초안 T10. 특히 생물다양성의 보전 및 지속가능한 이용을 통해 농업, 양식업, 임업이 이루어지는 모든 지역이 지속가능하게 관리될 수 있도록 보장하여 이러한 생산 체계의 생산성과 회복력을 증대

Target 10 : 지속 가능한 생산(농업, 임업, 양식업, 어업) 보장

농생태적및 기타 혁신적 접근법을 포함한 생물다양성의 지속 가능한 이용과 생물다양성에 친화적인 관습을 통해 농업, 양식업, 어업 및 임업이 이뤄지는 지역이 지속가능하게 관리되고, 이러한 생산체계의 회복력, 장기적 효율성 및 생산성과 식량안보에 기여 Ensure that areas under agriculture, aquaculture, fisheries and forestry are managed sustainably, in particular through the sustainable use of biodiversity, including through a substantial increase of the application of biodiversity friendly practices, such as sustainable intensification, agroecologicaland other innovative approaches contributing to the resilience and long-term efficiency and productivity of these production systems and to food security, conserving and restoring biodiversity and maintaining nature's contributions to people, including ecosystem functions and services.

초안 T11. 대기질/수량/수질을 조절하고 모든 인간을 위험이나 극한 상황으로부터 보호하는 자연의 기여를 유지 및 증진

Target 11 : 자연의 인간에 대한 기여(대기, 물, 기후, 토양건강, 화분, 질병, 자연재해 조절 등)를복원 · 유지 · 강화

자연기반해법과 생태계기반접근법을 통해 대기, 물, 기후, 토양건강, 질병 위험의 조절, 자연재해로부터의 보호와 같은 생태계 기능 및 서비스를 포함한 자연의 인간에 대한 기여를 복원, 유지 및 강화 Restore, maintain and enhance nature's contributions to people, including ecosystem functions and services, such as regulation of air, water, and climate, soil health, pollination and reduction of disease risk, as well as protection from natural hazards and disasters, through nature-based solutions and/or ecosystem-based approaches for the benefit of all people and nature.

초안 T12. 도시 지역 및 기타 인구 밀도가 높은 지역에서 인간 건강 및 복지를 위해 녹색 및 친수 공간(green and blue spaces)의 면적을 확대하고, 접근을 증진하며, 그러한 지역으로부터 발생하는 이익 증대

Target 12 : 도시 및 인구밀집지역의 녹지/친수공간의양·질·접근성·혜택 증가

생물다양성의 보전과 지속가능한이용을 주류화함으로써 도시 및 인구 밀집지역의 그린 및 블루 인프라의 면적과 품질, 접근성 및 혜택을 증가시키고, 생물다양성이 통합된 도시계획을 보장하고, 토착 생물다양성과 생태적 연결성·온전성을증진시키고, 인간 건강과 복지, 자연과의 연결을 개선하여 포괄적이고 지속가능한도시화와 생태계 기능/서비스 제공에 기여 Significantly increase the area and quality and connectivity of, access to, and benefits from green and blue spaces in urban and densely populated areas sustainably, by mainstreaming the conservation and sustainable use of biodiversity, and ensure biodiversity-inclusive urban planning, enhancing native biodiversity, ecological connectivity and integrity, and improving human health and well-being and connection to nature and contributing to inclusive and sustainable urbanization and the provision of ecosystem functions and services.

초안 T13. 상호합의조건/사전통보승인 등을 통해 유전자원에 대한 접근을 촉진하고 유전자원 및 해당되는 경우 관련 전통지식의 이용으로부터 발생하는 이익의 공정하고 공평한 공유를 보장하기 위해 세계적인 차원과 모든 국가에서 조치를 이행

Target 13 : 유전자원/전통지식을통한 이익의 공정/공평한 공유 보장

유전자원의 이용, 유전자원에 관한 디지털서열정보 및 전통지식으로부터 발생한 이익의 공정·공평한 공유 보장을 위해 적용 가능한 국제적 접근 및 이익 공유에 관한 문서에 따라 유전자원에 대한 적절한 접근을 촉진하고, 이익 공유의 상당한 증가를 촉진시키며, 모든 수준에서 효과적인 법적·정책적·행정적 및 역량강화 조치를 취함 Take effective legal, policy, administrative and capacity-building measures at all levels, as appropriate, to ensure the fair and equitable sharing of benefits that arise from the utilization of genetic resources and from digital sequence information on genetic resources, as well as traditional knowledge associated with genetic resources, and facilitating appropriate access to genetic resources, and by 2030 facilitating a significant increase of the benefits shared, in accordance with applicable international access and benefit-sharing instruments

"이행 및 주류화를 위한 도구 및 해결책"과 관련하여 10개(초안 8개) 목표를 제시하고 있는데, 생물다양성의 사회 전반으로의 주류화와 이행을 위한 재원 확보 등 이행여건 강화에 관한 목표를 제시하고 있다.

---

3. Tools and solutions for implementation and mainstreaming
(이행과 주류화를 위한 도구와 해법 Target 14~23)

초안 T14. 모든 수준의 정부와 경제의 전 분야에 걸쳐 정책, 규제, 계획, 개발 절차, 빈곤 감소 전략, 회계계정, 환경영향평가에 생물다양성의 가치를 완전히 통합시켜 모든 활동과 자금의 흐름이 생물다양성의 가치에 부합되도록 한다

Target 14 : 생물다양성의 가치 통합(모든 영역의 정책·규제·계획·개발과정계획 등) 모든 공공 및 민간의 활동, 재정 및 금융 흐름을 프레임워크(GBF)의 목표 및 실천목표에점진적으로 동조화시키고, 정부의 전 부문에 걸쳐 정책, 규제, 계획 및 개발과정, 빈곤퇴치전략, 전략환경평가 및 환경영향평가, 국가 회계에 생물다양성과 그 다양한 가치의 완전한 통합을 보장 Ensure the full integration of biodiversity and its multiple values into policies, regulations, planning and development processes, poverty eradication strategies, strategic environmental assessments, environmental impact assessments and, as appropriate, national accounting, within and across all levels of government and across all sectors, in particular those with significant impacts on biodiversity progressively aligning all relevant public and private activities, fiscal and financial flows with the goals and targets of this framework.

초안 T15. 지역에서 세계적 차원에 이르기까지 모든 기업(공공기업, 민간기업, 대기업 및 중소기업)이 생물다양성에 대한 의존도와 영향을 평가 · 보고하고, 점진적으로 부정적인 영향을 최소 절반으로 감소시키고 긍정적인 영향을 증진시켜 기업에 대한 생물다양성 관련 위험을 줄이고 채취 및 생산 관행, sourcing 및 공급망, 이용 및 처분에 대한 완전한 지속가능성을 달성하는 방향으로 나아감.

Target 15 : 기업과 금융기관의 생물다양성 관련 활동 보장 (모니터링, 평가, 공개, 정보제공 등)

생물다양성에 대한 부정적인 영향을 점진적으로 줄이고, 긍정적인 영향을 증가시키며, 비즈니스 및 재정 분야 생물다양성 관련 위험의 감소, 지속가능한생산 패턴을 보장하기 위한 사업을 활성화하기 위한 <u>법적 · 행정적 · 정책적 조치를 취하며</u>, 특히 대기업과 다국적 기업, 금융기관이 다음의 조치를 취하도록 보장 :

(a)운영, 공급 및 가치 사슬, 포트폴리오에 따라 모든 대형 및 다국적 기업, 금융기관이 생물다양성에 대한 요구 및 위험, 의존도 및 영향을 정기적으로 모니터링, 평가, 투명하게 공개(b)지속가능한소비패턴을 촉진하는데 필요한 정보를 소비자에게 제공(c)해당되는 경우, 접근 및 이익공유규정 및 조치 준수에 대해 보고

Take legal, administrative or policy measures to encourage and enable business, and in particular to ensure that large and transnational companies and financial institutions :

(a)Regularly monitor, assess, and transparently disclose their risks, dependencies and impacts on biodiversity, including with requirements for all large as well as transnational companies and financial institutions along their operations, supply and value chains and portfolios; (b) Provide information needed to consumers to promote sustainable consumption patterns; (c)Report on compliance with access and benefit-sharing regulations and measures, as applicable;in order to progressively reduce negative impacts on biodiversity, increase positive impacts, reduce biodiversity-related risks to business and financial institutions, and promote actions to ensure sustainable patterns of production

초안 T16. 폐기물을 최소 절반으로 감소시키고 해당되는 경우 식량 및 기타 물질의 과잉소비를 줄이기 위해 문화적 선호도를 고려하여 사람들이 책임있는 선택을 하고 관련된 정보와 대안에 접근할 수 있도록 격려하고 이를 가능하게 하도록 보장

Target 16 : 지속 가능한 소비

지원 정책, 입법 및 규제 체계의 수립을 포함하여 교육, 정확한 정보제공 및 대안에 대한 접근 개선을 통해 사람들이 지속 가능한 소비를 선택할 수 있도록 장려하고, 모든 사람들이 지구와 조화롭게 살 수 있도록 공평한 방식으로 전세계 소비 발자국을 줄이고, 음식물 쓰레기를 절반으로 줄이며, 과소비와 폐기물 발생을 줄임 Ensure that people are encouraged and enabled to make sustainable consumption choices including by establishing supportive policy, legislative or regulatory frameworks, improving education and access to relevant and accurate information and alternatives, and by 2030, reduce the global footprint of consumption in an equitable manner, including through halving global food waste, significantly reducing overconsumption and substantially reducing waste generation, in order for all people to live well in harmony with Mother Earth.

초안 T17. 모든 국가에서 생물다양성과 인간 건강에 대한 생명공학기술 (biotechnology)의 잠재적 악영향을 방지, 관리 또는 통제하기 위한 역량을 구축 및 강화하고 이를 위한 조치를 이행하여 이러한 영향의 위험을 감소시킴

Target 17 : 생물안전조치강화 / 생명공학 취급 및 이익 분배

생물다양성협약 제8조(g)항에 규정된 생물안전조치와 협약 제19조에 규정된 생명공학의 취급 및 그 이익 분배를 위한 조치를 모든 국가에서 수립·강화 및 시행 Establish, strengthen capacity for, and implement in all countries in biosafety measures as set out in Article 8(g) of the Convention on Biological Diversity and measures for the handling of biotechnology and distribution of its benefits as set out in Article 19 of the Convention.

초안 T18. 공정하고 공평한 방식으로 가장 유해한 모든 보조금을 포함하여 생물다양성에 유해한 인센티브에 대한 방향이나 목표를 재설정하거나 그러한 인센티브를 제거하여 **최소 연간 5,000억 달러를 감축**하고, 공공/민간의 인센티브가 생물다양성에 긍정적이거나 중립적으로 작용할 수 있도록 보장

Target 18 : 유해 보조금 감소 (5,000억불/년)

가장 유해한 보조금부터 정당하고 공정하고 적절한 방식으로 생물다양성에 유해한 인센티브·보조금을 <u>2025년까지 규명하고</u>, 제거하고, 단계적으로 폐지하거나 개혁하고(<u>2030년까지 매년 5,000억 달러를 저감</u>하면서), 생물다양성의 보전과 지속 가능한 이용에 긍정적인 인센티브는 증가시킴 Identify by 2025, and eliminate, phase out or reform incentives, including subsidies, harmful for biodiversity, in a proportionate, just, fair, effective and equitable way, while substantially and progressively reducing them by at least 500 billion United States dollars per year by 2030, starting with the most harmful incentives, and scale up positive incentives for the conservation and sustainable use of biodiversity.

초안 T19. 이 체제의 목표 및 세부목표의 야심찬 의욕에 비례하여 이행을 위한 필
요를 충족시키기 위해 국가 생물다양성 재정계획을 고려하여 새롭고 추
가적이며 효과적인 재정자원을 포함한 모든 **연간 재원을 최소 2,000억
달러로 증가**시켜 **개발도상국으로 연간 최소 100억 달러로 국제적 자금
유입을 증가**시키고, 민간금융을 활용하며, 국내 자원의 동원을 증가시
키고, 역량 강화, 기술 이전 및 과학적 협력을 강화

**Target 19 : 재원 동원 (최소 2,000억불/년), 개도국 지원(200억불/년 by2025, 300억
불/년 by 2030)**

국가생물다양성전략 및 실행계획의 이행을 위해, 협약 제20조에 따라 국내, 국제, 공
공 및 민간 자원을 포함하여 효과적이고 적시적이며 쉽게 접근할 수 있는 아래의 방법
을 포함한 방법으로, 모든 출처의 재정자원 수준을 실질적이고 점진적으로 증가시킴
(2030년까지 매년 최소 2,000억 달러를 동원) (a)선진국 및 자발적으로 선진국 의무를
질 당사국으로부터 개발도상국들(특히, 최빈개도국, 군소도서개도국, 경제적 과도기에
있는 국가들)으로의 생물다양성과 관련된 국제 재원흐름증대(at least US$ 20 billion
per year by 2025, and to at least US$ 30 billion per year by 2030) (b)국가의 필요,
우선순위 및 상황에 따라 국가 생물다양성 재정계획 또는 이와 유사한 조치의 준비 및
이행으로 국내 자원동원 증대를 촉진 (c)민간 금융 활용, 혼합 금융 촉진, 신규 및 추가
자원동원 전략의 이행, 기금 및 기타 수단을 포함한 민간부문의 생물다양성 투자 장려
(d)생태계서비스지불제, 녹색 채권, 생물다양성 상쇄 및 증명서, 이익공유메커니즘, 환
경 및 사회 안전장치와 같은 혁신적인 계획을 촉진 (e)생물다양성 및 기후위기를대상
으로 한 금융의 공동편익및 시너지 최적화 (f)토착민과 지역사회를 포함한 집단행동의
역할 강화, 지역사회 기반 천연자원 관리 및 시민사회 협력과 생물다양성 보전을 목표
로 하는 연대를 포함한 지구 중심 행동과 비시장기반 접근방식 (g)자원제공및 이용의
효과성, 효율성 및 투명성 제고

초안 T20. 인식 증진과 교육 및 연구의 촉진을 통해 자유로운 사전통보승인에 기반한 토착
  민 및 지역공동체의 전통지식, 혁신 및 관행 등 관련 지식이 생물다양성의 효과
  적인 관리를 위한 의사결정을 이끌도록 보장하고, 모니터링을 가능하게 한다

Target 21 : 최상의 데이터, 정보, 지식 접근성 보장
효과적이고 공정한 거버넌스, 생물다양성의 통합적 · 참여적인 관리와 소통,
인식제고, 교육, 모니터링, 연구 및 지식관리 강화를 위해 의사결정자, 실무
자 및 대중이 최상의 데이터, 정보 및 지식에 접근할 수 있도록 보장(IPLC
의 전통지식, 혁신, 관행, 기술은 국가 법률에 따라 보호) <u>Ensure that the best
available data, information and knowledge, are accessible to decision makers,
practitioners and the public</u> to guide effective and equitable governance, integrated
and participatory management of biodiversity, and to strengthen communication,
awareness-raising, education, monitoring, research and knowledge management and,
also in this context, traditional knowledge, innovations, practices and technologies
of indigenous peoples and local communities should only be accessed with their
free, prior and informed consent, in accordance with national legislation.

Target 21 : 최상의 데이터, 정보, 지식 접근성 보장
효과적이고 공정한 거버넌스, 생물다양성의 통합적 · 참여적인 관리와 소통,
인식제고, 교육, 모니터링, 연구 및 지식관리 강화를 위해 의사결정자, 실무
자 및 대중이 최상의 데이터, 정보 및 지식에 접근할 수 있도록 보장(IPLC
의 전통지식, 혁신, 관행, 기술은 국가 법률에 따라 보호) <u>Ensure that the best
available data, information and knowledge, are accessible to decision makers,
practitioners and the public</u> to guide effective and equitable governance, integrated
and participatory management of biodiversity, and to strengthen communication,
awareness-raising, education, monitoring, research and knowledge management and,
also in this context, traditional knowledge, innovations, practices and technologies
of indigenous peoples and local communities should only be accessed with their
free, prior and informed consent, in accordance with national legislation.

초안 T21. 생물다양성에 관련된 의사결정에 대한 토착민/지역공동체뿐 아니라 여성, 여아, 청년의 공평하고 효과적인 참여를 보장하고, 토지, 영토 및 자원에 대한 그들의 권리를 존중
Target 22 : 의사결정 참여 보장 (토착민, 여성/소녀, 어린이/청소년, 장애인 등) 토착민 문화와 토지, 영토, 자원, 전통지식에대한 권리를 존중하고, 여성 및 소녀, 어린이와 청소년, 장애인들의 완전한, 공평한, 포괄적·효과적인, 양성평등적대표성과 의사결정 참여를 보장하고, 토착민과 지역사회의 생물다양성과 관련된 정당성과 정보에 대한 접근을 보장 <u>Ensure the full, equitable, inclusive, effective and gender-responsive representation and participation in decision-making</u>, and access to justice and information related to biodiversity by indigenous peoples and local communities, respecting their cultures and their rights over lands, territories, resources, and traditional knowledge, as well as by women and girls, children and youth, and persons with disabilities and ensure the full protection of environmental human rights defenders.
Target 23 : 양성 평등 보장 생물다양성과 관련한 모든 수준의 행동, 참여, 정책 및 의사결정에서 토지 및 천연자원에 대한 동등한 권리와 접근 및 완전하고, 공평하고, 의미있고, 정보에 입각한 참여와 리더십을 인정하는 것을 포함하여, 모든 여성 및 소녀가 협약의 세 가지 목표에 기여할 수 있는 동등한 기회와 능력을 갖는 성인지적인접근법을 통해 프레임워크 이행에서 양성평등을 보장 Ensure gender equality in the implementation of the framework through a gender-responsive approach where all women and girls have equal opportunity and capacity to contribute to the three objectives of the Convention, including by recognizing their equal rights and access to land and natural resources and their full, equitable, meaningful and informed participation and leadership at all levels of action, engagement, policy and decision-making related to biodiversity.

제7차 *IUCN 자연보전총회(WCC)*와 마르세유선언문*(The Marseille Manifesto)*[19]

1996년 캐나다 몬트리올에서 "지구를 돌보자(Caring for the Earth)"는 주제로 처음 개최된 IUCN 세계자연보전총회(WCC)는 생물다양성 등 자연 보전 분야의 가장 큰 국제행사 중 하나로, 보전 이슈를 포함한 다양한 글로벌 환경 이슈에 대한 활발한 정보공유·소통을 통해 미래방향을 설정하고 국제사회에 확산·전파하는 중요한 마당으로 활용되어 왔다. 지난 9월 프랑스 마르세유에서 제7차 총회가 "하나의 자연, 하나의 미래(One Nature, One Future)"라는 주제로 개최되었으며, 다양한 분야(7개 Stream : ①기후변화 저감/적응 가속화, ②지속가능한 삶을 위한 담수 보전, ③자연과 인간을 위한 경관 관리, ④해양건강성 복원, ⑤효과적이고 공정한 거버넌스, ⑥지속가능성을 위한 경제/재정 체계, ⑦지식/학습/혁신/기술 발전)를 아우르는 600개 이상의 세션이 열렸다. 제7차 세계보전총회에서는 현장에서 채택된 결의문 28개를 포함하여 총 137개[20]의 결의문·권고문이 채택되었는데, 포럼 7분야 중 "③자연과 인간을 위한 경관 관리" 65개, "⑤효과적이고 공정한 거버넌스"

---

19 "제7차 국립공원 정책개발워크숍" 토론자료(2021.10., 허학영) 발췌

20 사전 전자투표(2020년 10월)를 통해 채택된 109개 결의문·결정문 포함

38개, "④해양건강성 복원" 30개 순으로 결의문·결정문이 많이 채택된 것으로 나타났으며, 이와는 별개로 Post-2020 GBF 관련 20여개 이상의 결의문이 채택되어 생물다양성협약(CBD)의 2050 Vision과 2030 Goal에 대해서도 많은 관심과 논의가 있었던 것을 알 수 있다. 또한, 현재 활발한 논의가 진행되고 있는 기후변화에 대한 IUCN의 학술위원회(Climate Change Commission) 개설에 대한 결의문과 인류의 복지와 건강이 자연 보전과 연결되어 있음을 강조하고 있는 One Health 관련 결의문이 채택되었다.

보호지역과 기타 효과적인 지역기반 보전수단(OECM : Other Effective area-based Conservation Measures)과 직접 관련된 주요 결의문[21]을 살펴보면 보호지역 내 지질유산에 대한 관심 촉구[22], 보호지역 해제/축소/관리약화에 대한 글로벌 대응 촉구[23], OECM 발굴·승인·보고·지원 촉구[24], 보호지역 내 플라스틱 오염 제거[25] 등이 있다.

---

21 6개의 결의문과 1개의 권고문 채택

22 WCC-2020-Res-074 Geoheritage and protected areas

23 WCC-2020-Res-084 Global response to protected area downgrading, downsizing and degazettement (PADDD)

24 WCC-2020-Res-095 Recognising, reporting and supporting other effective area-based conservation measures

25 WCC-2020-Res-083 Eliminate plastic pollution in protected areas, with priority action on single-use plastic products / WCC-2020-Res-019 Stopping the global plastic pollution crisis in marine environments by 2030

제7차 세계자연보전총회(WCC)의 최종 결과물이라고 할 수 있는 마르세유 선언문은 주목할만한 중요한 약속과 발표를 포함하여 총회의 핵심 메시지를 전달하기 위한 것으로 주요 사항으로 Covid-19 이후의 회복(영향 대응), 변혁적/효과적/도전적인 Post-2020 GBF 채택을 통한 생물다양성 손실 정지, 기후 비상사태의 위험과 영향에 맞서기 등이다.

O IUCN 총회는 "하나의 자연, 하나의 미래"를 인지하고, 아래 사항 약속
  - 모든 시민의 관점과 선택의지를 존중하고 활용(Respecting and harnessing the perspectives and agency of all citizens)
  - 협업과 파트너쉽 추구(Pursuing collaboration and partnerships)
  - 변화를 위한 강력한 도구로서의 지역 행동(Local action as a powerful tool for change)

O Covid-19 이후의 회복(영향 대응)
  - 자연에의 투자 증대[26] : Nature-based Recovery 촉구(총투자 적어도 10%)
  - 자연친화적 경제로의 전환 : 글로벌 경제의 50% 이상이 자연과 연계, 유해보조금 철폐 등
  - 사회 정의와 포용을 증진하는 투자에 우선 순위

O Post-2020 GBF 채택을 통한 생물다양성 손실 정지
  - 상호연결되고 효과적인 지역기반보전네트워크(도전적 목표 약속) : '30년까지 최소 30% 보호(PA+OECM), IUCN GL 적용이 효과적이고 공정한 관리를 통한 장기적 보전성과 성취를 보증

---

26 To invest in nature is to invest in our collective future.

- 육지/바다의 복원 가속화를 위한 파트너십 강화

O 기후 비상사태의 위험·영향 대응
- NbS를 통해 2030년까지 필요한 저감의 약 30%를 제공하는 동시에, 기후변화 영향으로부터 취약한 지역사회와 국가를 보호

O 개최국(프랑스)의 약속
- 2022년까지 보호지역 국가목표(30%) 달성
- 해양 보호에 관한 국제적 이슈 지원
- 플라스틱 오염에 관한 조약(Treaty) 추진 등

유네스코 생물권보전지역

유엔환경계획(UNEP)이 설립되기 전인 1971년 유네스코 총회를 거쳐 설립된 인간과 생물권 계획(Man And the Biosphere : MAB) 프로그램의 생물권보전지역(BR)은 자연생태계와 역사문화 자원의 보전과 함께 인간이 자원을 사회·경제적으로 지속가능하게 활용하고자 하는 국제적 보호지역이다. 생물권보전지역은 인간과 자연의 공존을 목적으로 보전, 발전, 지원의 3가지 기능을 가지며, 이의 구현을 위한 용도지구 구분으로 핵심구역, 완충구역, 협력(전이)구역이 있다. 전통적인 보호지역의 접근과의 차이점으로 사회·문화적·생태적으로 지속가능한 경제와 인간의 발전을 도모하며, 지원기능으로 시범사업, 연구와 모니터링, 환경교육, 생태관광을 통해 보전과 발전 두 기능이 원활하게 수행될 수 있도록 지원하는 것이다.

이러한 생물권보전지역의 보전·발전·지원 기능의 조화를 통한

"인간과 자연의 공존" 목적은 지난 70차 UN 총회에서 채택된 지속가능 발전목표(SDGs)의 3가지 차원(경제, 사회, 환경)에서 지속가능발전의 조화·통합과 그 맥을 같이하고 있다. 또한 오늘날 세계가 직면하고 있는 가장 큰 국제적 도전과제이며 지속가능발전을 위한 필수조건 중 하나로 경제·사회 발전의 기초가 되는 자연자원을 보호·관리하는 것이 지속가능발전의 가장 중요한 목표이자 필수조건의 하나임[27]을 고려하면, SDGs의 성취에 있어 "보전에 기반한 지속가능발전 모델"을 지향하는 생물권보전지역의 역할이 크다고 할 수 있다.

생물권보전지역(BR)과 지속가능발전목표(SDGs)

1971년 유네스코 총회를 거쳐 설립된 인간과 생물권 계획(Man And the Biosphere : MAB) 프로그램은 인간을 포함한 생물권의 다학문적인 연구와 능력배양을 추진하고 있는 정부 간 프로그램이다. MAB 프로그램 내 생물권보전지역(BR)은 지역 고유의 자연생태계, 역사문화 자원들을 보전함과 동시에 인간이 자원을 사회·경제적으로 지속가능하게

---

27 2012년 브라질 리우데자네이루에서 개최되었던 유엔지속가능개발회의(Rio+20)
 의 결과문서인 "우리가 원하는 미래(The Future we Want)"
 http://www.un.org/disabilities/documents/rio20_outcome_document_complete.pdf

활용하는 국제적인 보호지역이다. 생물권보전지역은 인간과 자연의 공존을 목적으로 보전, 발전, 지원의 3가지 기능을 가지며, 이의 구현을 위한 용도지구 구분으로 핵심구역, 완충구역, 협력구역이 있다. 보전기능은 보호가 필요한 경관, 생태계, 종, 유전적 변이를 보호·유지하는 것이며, 발전기능은 사회·문화적, 생태적으로 지속가능한 경제와 인간의 발전을 의미하며, 지원기능은 시범사업, 연구와 모니터링, 환경교육, 생태관광을 통해 보전과 발전 두 기능이 원활하게 수행될 수 있도록 지원하는 것이다.

유네스코 인간과생물권프로그램(MAB)과 MAB 세계생물권보전지역네트워크(WNBR; World Network of Biosphere Reserves)를 위한 "MAB 전략 2015-2025[28]"와 "리마행동계획 2016-2025[29]"은 생물권보전지역 뿐 아니라 전 세계에 생물권보전지역의 지속가능발전 모델을 확산함으로써 지속가능발전목표(SDGs) 성취에 기여하고자 하는 내용을 포함하고 있다. "리마행동계획"은 5개 전략행동분야(A~E)와 62개 전략적 행동기준 및 책임기관, 성과지표를 가지고 있다[30].

---

28 제38차 유네스코 총회(2015.11.3.~18.), 파리 유네스코 본부)에서 승인

29 제27차 MAB 국제조정 이사회(2015.6.8.~12.), 파리 유네스코 본부에서 채택

30 주요 내용으로 생물권보전지역이 생물권 보호를 위한 중심으로서 활동하며, 기존의 생물권보전지역 간의 협력과 네트워크, 재정 및 교육지원, 정보 공유 등 '협력'에 초점을 두고 있음

리마행동계획 중 "전략행동분야 A"는 SDGs의 이행 시범모델로서의 생물권보전지역을 언급하고 있는데, 그 주요 성과(outcome)는 "A1. 생물권보전지역(BR)이 지속가능발전목표(SDG) 및 다자간 환경협정(Multilateral Environmental Agreement : MEA) 이행에 기여하는 모델로 인정", "A4. 생물권보전지역 관리와 지속가능한발전 지원을 위한 연구와 실천적 학습, 훈련 기회", "A5. 생물권보전지역의 재정적 지속가능성", "A7. 생물권보전지역을 생태계서비스의 원천이자 관리자로 인정" 등이다.

생물권보전지역(Biosphere Reserve)의 역할

지속가능발전목표(SDGs)는 사회 · 경제 · 환경의 조화되어 통합적인 지속가능발전을 도모하고 있다는 점에서 그 특징이 있으며, 거의 모든 목표들이 상호 연관되어 있기 때문에 환경 관련 목표의 효과적 성취가 매우 중요하다고 할 수 있다. 이러한 환경적 목표의 중요성이 현재 생물다양성협약(CBD)에서 수립 중인 Post-2020 GBF의 실행목표에 반영되어 있다고 할 수 있다. 따라서 보전 · 발전 · 지원 기능의 조화를 통한 "인간과 자연의 공존" 목적 성취를 위한 생물권보전지역의 활동은 지속가능발전목표(SDGs)와 Post-2020 GBF의 바람직한 이행모델로 자리매김될 수 있을 것으로 판단되며, 이를 위한 몇가지 시사점을 정리해보면 아래와 같다.

○ Post-2020 GBF의 핵심목표 성취 기여(30by30, 질적 관리 보증)
  - 우리나라는 HAC[31]에 가입한 국가로서, 보호지역 관련 국가 목표 성취 기여(보호지역+OECMs 30%, by 2030)
  - 생물권보전지역은 양적인 목표와 더불어 질적인 지표(생태계 연결성 및 대표성 강화, 광범위한 육상/해양 경관으로의 통합 등)의 성취에도 기여
  - OECM 발굴 · 승인 · 보고(CBD 권고사항) 선도적 이행

○ 지역가능발전 모델로서의 생물권보전지역(BR)
  - 파트너십과 통합적 거버넌스(사회/경제/환경), 자연보전기반 지속가능발전 모델 구현
  - 자연에의 투자(복원 등)를 통한 생태계 연결성, 기후변화 저감 · 적응(회복력) 증진 등을 고려한 광역적 경관으로의 관리 도모
  - SDGs, Post-2020 GBF 목표를 반영한 통합적 접근 : 지속가능 생산경관/생산방식(농업, 어업, 양식업 등) 정착, 권리 존중과 참여, 지속가능관광, 유해보조금 폐지(PES 등 긍정 인센티브 강화), 지속가능한 소비, 생태계서비스 증진(대기/물/도시녹지 · 친수공간 등), 생물다양성 주류화, 오염 최소화, 혜택 공유 등

---

31 High Ambition Coalition (HAC) for Nature and People : 우리나라를 포함한 70여개국 가입

○ 교육과 연구의 장으로서의 생물권보전지역(BR)
  - 환경교육 등 생태전환교육[32]의 장으로서의 BR 역할 강화
  - 시범 사업 및 성공모델 발굴 : 탄소중립마을, 지속가능관광, 지속
    가능교육 등

새로운 보전 패러다임(New Conservation Paradigm)

오늘날 인류가 직면한 가장 시급한 두 가지 과제인 기후변화와 생물다양성 손실을 통합적으로 대응하기 위해서는 자연에의 투자 확대와 더불어, 새로운 보전 패러다임의 필요성을(IPBES-IPCC 공동후원워크숍, '20.11.)을 제시하고 있습니다.

• 새로운 보전 패러다임은 서식가능한 기후(Habitable climate), 자립형 생물다양성(Self-sustaining biodiversity), 모두를 위한 양질의 삶(good quality of life for all)이라는 목표를 동시에 다루어야 한다.

• 이를 위해서는 자연의 개별적 구성요소 하나에 집중하는 것이 아니라 다기능성 경관 차원(scape approach)에 초점을 두어야 하며, 이의 3가지 목표를 충족하기 위해 필요한 보호지역시스템은 아직 확립되지 않았으며, 전 세계적으로 보호지역의 추정 면적은 "전 지구의 30%~50%가 되어야 한다"는 것입니다.

---

32 교육기본법 개정('21.9.) 제22조의2(기후변화환경교육) 국가와 지방자치단체는 모든 국민이 기후변화 등에 대응하기 위하여 생태전환교육을 받을 수 있도록 필요한 시책을 수립·실시하여야 한다.

다스굽타 리뷰(2021)에서는 "오늘날 우리가 직면한 문제는 생물권에서 가져오는 것과 후손을 위해 남기는 것 사이의 균형을 찾는 것이다. 우리가 현재 가는 길이 단순히 시장 실패가 아닌 제도적 실패에 기인한다는 사실과 우리가 자연에 내재화 되어 있는 사실을 인정하지 않는 경제적 개념의 실패 때문"이라고 언급하고, 인류가 선택할 수 있는 변화를 위한 대안으로 다음의 세가지를 제시하고 있다.

① 자연의 공급 증가(자연 보전/복원, 효과적 관리, 지속가능 생산/소비 등)

② 경제적 성공 척도 변환(자연자본을포함한 포괄적 부(inclusive wealth)를 성공 척도, 자연자본계정을 통한 의사결정 개선등)

③ 변화를 가능하게 할 제도와 시스템 구축·유지(특히 재정 및 교육 시스템 혁신)

이를 구현하기 위해서는 인류가 직면한 현재의 위기를 직시하고, 전통적인 투자 방식(회색경제/회식인프라)을 전환하여 생물다양성 손실을 막기위해 필요한 변화에 투자해야 해야 할 것이다.

자연에 대한 투자강화에 관한 것으로, UN 생물다양성 정상회의(UN Summit on Biodiversity, 2020)에서는 "보호지역이 충분하게 확대되지 못하였음을, 생태계가 황폐화되고 복원이 필요함을, 생물다양성이 충분히 주류화되지못하였음을, 토지와 해양이 지속가능하게 이용되지 못하였음을 비탄하며, 최소한 생물다양성은 공동의 책임이여야 한다는데 동의하고, 최소한 생물다양성은 공동의 책임이여야 한다는데 동의하고, 다음과 같은 4가지 메시지를 발표하였습니다.

1. 그린 리셋 : 녹색 회복을 통해 생물다양성을 보호하고 경제 성장을 촉진(Green Reset : protect biodiversity and boost economic growth through a green recovery)

2. 식품 생산 및 유통에 대한 혁신적인 접근법(Transformative approach to food production and distribution)

3. 생물다양성 보호에 있어 사회 전체의 대응(Undertake whole-of-society responses in protecting biodiversity)

4. 특히 도시 맥락에서, 모든 수준의 조치가 필요하다.(Actions at all levels are needed, particularly in the urban context)

같은 맥락에서 다스쿱다 리뷰(2021)에서도 보호지역에 대한 더 많은 투자의 필요성을 언급하고, "2030년까지 전 세계 육지와 해양의 30%를 보호하고 지역을 효과적으로 관리하려면 연간 평균 투자액이 미화 1,400억 달러로 추산되며(전 세계 GDP의 0.16%), 현재 자연을 파괴하는 활동을 지원하는 전 세계 정부보조금의 3분의 1 미만에 해당"하여 그 규모가 크지 않음을 강조하고 있습니다.

자연에의 투자를 위한 또 하나의 접근으로 자연기반해법(NbS)은 '사회적 과제를 효과적이고 적응적으로 해결하는 동시에 인간의 복지와 생물다양성 혜택을 제공하는 자연 생태계 및 변화한 생태계를 보호, 지속가능 관리·복원하는 행동(IUCN, 2016)[33]'이며, IUCN에서는 NbS에서 다루는 주요 사회적 문제는 기후변화 완화 및 적응, 재난위험 경감, 경제적·사회적 발전, 인간 건강, 식량 안보, 물 안보, 환경 파괴와 생물다양성 손실 등 7가지 사회적 과제를 언급하고 있다. 사람과 자연 사이의 이러한 상호 연계는 자연기반해법(NbS)의 형태로 기후변화 대응은 물론 생물다양성 보전과 다양한 사회적 이슈를 해결할 기회를 제공할 수 있을 것이다.

---

33 기후변화 대응에 있어, "생태계 관리 활동을 이용하여 회복력을 높이고 기후변화에 대한 사람들과 생태계의 취약성을 줄이는 것"이라는 생태계 기반 적응(ecosystem-based adaptation)의 정의를 포함하고 있어, 자연기반해법은 주요 사회적 과제를 해결하는데 사용되는 생태계기반 접근법을 위한 포괄적 프레임워크로 간주

〈자연기반해법(NbS)의 정의〉

출처: IUCN. 2020. Guidance for using the IUCN Global Standard for Nature-based Solutions. Gland, Switzerland: IUCN.

이렇듯, 자연은 단순한 경제적 재화 그 이상으로, 이러한 "자연에의 투자"는 생물다양성 손실과 기후변화 문제를 해결할 수 있을 뿐만 아니라 다양한 사회적 문제 해결책과 광범위한 경제적 이익도 기대할 수 있을 것이며, 이는 "자연과 조화로운 삶"이라는 우리가 원하는 미래를 앞당길 수 있는 지름길이 될 수 있을 것입니다.

2장

생물다양성(Biodiversity)[+]
평화(Peace)

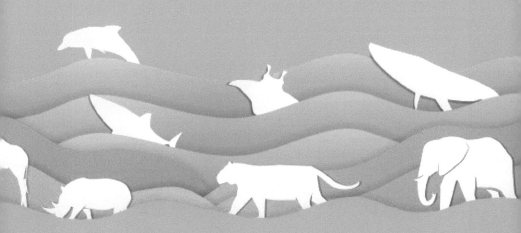

생물다양성(Biodiversity) [+] : 평화(Peace)

자연과 사람의 공존,
평화로운 지구 생태공동체를 꿈꾸며...

유네스코 헌장 전문에 "전쟁은 인간의 마음에서 시작되므로 평화의 방벽을 세워야 할 곳은 인간의 마음"이라고 명시하고 있다고 합니다. 인류가 협력과 연대를 통해 세계평화를 구현하고자 하는 것과 마찬가지로, 자연과 인간의 조화로운 공존과 번영을 위해서도 평화는 필수적이라고 할 수 있습니다.

세계자연보전연맹(IUCN)은 1980년대 초에 "보전이 자연자원의 적절하고 생태학적으로 건전한 사용을 통해 평화에 기여하는 것처럼, 평화 또한 자연보전에 기여하는 필수 조건이라는 것을 단언"하며, "모든 국가는 유엔 및 기타 모든 국가 간의 평화와 안전 유지에 헌신하는 국제 논의를 활발히 추진할 것을 촉구"하고, 나아가 "모든 정부는 평화를 유지하고 세계 군비 축소에 기여하는 기존의 국제 협약에 완전한 효력을 부여할 것"을 요구하는 결정문을 채택하였습니다(IUCN 결정문 15/2, 1981).

우리나라는 정전협정에 따른 비무장지대(DMZ)가 존재하며, 무엇보다도 평화에 대한 열망이 강하다고 할 수 있습니다. 2019년 DMZ 인접 지역을 포함한 '강원생태평화'와 '연천 임진강'이 생물권보전지역으로 지정되어(제31차 MAB 국제조정이사회) 평화에 기여하는 생물권보전지역의 역할과 가능성에 대해 재조명 할 수 있는 계기가 되기도 했습니다.

이 장은 생물다양성 보전 노력이 어떻게 평화에 기여할 수 있는지를 살펴보기 위해, 유네스코한국위원회와 MAB한국위원회가 기획하여 제작한 '생물권보전지역과 평화(Biosphere Reserve and Peace)[34]'라는 기획도서의 집필에 참여했던 '생물다양성 보전과 평화'를 중심으로 정리하였습니다. 참고로 이 도서는 다음의 4가지 주요 내용(①평화를 실현하는 곳, 생물권보전지역(김은영), ②제주도 생물권보전지역 : 세계평화의 섬과 해녀문화(유철인), ③생물다양성 보전과 평화(허학영), 국경을 초월한 생태평화 협력의 장, 접경생물권보전지역(심숙경), 생물권보전지역에서의 평화와 지속가능발전을 위한 교육(이선경))으로 구성되어 있어,

---

34 김은영 · 유철인 · 허학영 · 심숙경 · 이선경(2020), 생물권보전지역과 평화, 환경부/국립공원공단/유네스코한국위원회/유네스코MAB한국위원회

평화와 생물다양성 전반을 이해하는데 많은 도움을 줄 수 있을 것으로
생각됩니다.

생물다양성 보전과 평화

제2차 세계대전 중이던 1944년, 프랭클린 루스벨트 미국 대통령이 자연자원의 보전 및 이용에 관한 국가 간의 연합과 연대를 제안하면서, "나는 보전이 항구적인 평화를 달성하는 기반이 된다는 사실을 점점 더 확신하게 된다."라고 하였듯이 자연환경 보전 협력을 통한 평화정착 이슈는 지속적으로 국제사회의 관심을 받아 왔다. 세계자연보전연맹(IUCN) 제15차 총회(1981) 결정문 15/2로 '보전과 평화'가 채택된 바 있으며, 리우선언(1992)은 제25원칙으로 '평화, 발전, 환경 보호는 상호의존적이며 불가분의 관계에 있음'을 밝히고 있

다. 또한 IUCN 세계공원총회(2003) 권고문 5.15 "평화, 분쟁과 보호지역"에서 평화를 위한 보호지역의 기여를 강조하고 있으며, 생물다양성협약 보호지역 실행프로그램(2004)에서도 같은 맥락으로 보호지역과 평화를 강조한 바 있다.

우리나라도 국제사회의 보전협력 강화를 통한 평화정착 노력에 적극 동참하고 있으며, 제12차 생물다양성협약 당사국총회(COP)에서 의

장국으로서 '평화와 생물다양성 대화'를 제안·채택하였으며(2014년 10월), 환경부와 생물다양성협약 사무국 간 '평화와 생물다양성 대화' 업무협력 협정을 체결한바(2015년 5월) 있다. 또한 우리나라 환경부와 국립공원공단 주도로 2016년 IUCN 세계보전총회에서 '접경협력과 보호지역'에 대한 발의안을 개발하고 결정문 채택에 기여함으로써 접경지역 보전협력을 위한 국제적인 노력에 지속적으로 동참해오고 있다.

이렇듯 정치·군사적 대립과 충돌이 있는 접경지역에서 환경, 문화 등 비정치 분야의 협력을 통해 갈등과 분쟁을 해소하고 상호 지속적인 협력관계 구축을 시도한 다양한 사례가 있다. 이러한 노력을 통해 생물다양성 보전과 함께 지역의 평화 정착이라는 인류와 지구의 진정한 지속가능성 확보전략을 모색해 볼 수 있을 것이다.

따라서 이 장에서는 접경지역 보전협력의 원칙과 지침이 될 수 있는 '자연환경 보호와 평화에 관한 국제적 합의 또는 의결사항' 등을 먼저 살펴보고, 보전협력을 통한 평화 정착을 지향하는 접경보호지역의 개념과 사례 고찰을 통해 급변하는 한반도의 협력환경 속에서 한반도 생태공동체 구축과 평화 정착에 제공되는 시사점을 살펴보고자 한다.

국제적 권고사항 : 환경 보호와 평화

환경보호와 평화에 관한 국제적 논의와 합의는 다양한 차원에서 이뤄졌으나, 여기에서는 유엔과 IUCN 차원에서 논의·합의된 내용을 중심으로 시대적 흐름에 따라 살펴보았다.

먼저 1972년 유엔 인간환경회의UNCHE에서 세계 121개국 만장일치로 채택된 유엔 인간환경선언(스톡홀름선언)은 7개 항목의 선언과 26개 원칙을 제시하고 있는데, 이는 국제환경 논의에서 문제해결 행동 지침을 제공하고 있다고 할 수 있다. 스톡홀름선언은 환경과 개발에 관한 논의를 공론화하는 계기(환경 이슈를 국제적 의제로 제시)가 되었으며, 지속가능발전 개념의 구체화를 위한 국제적 노력의 시발점이 되었다. 인류의 경제산업 활동으로 야기된 환경오염과 공해 문제를 해결하기 위한 범지구적 차원의 협력을 공약으로, 그 중 6번째 선언에서 "현재와 미래 세대를 위해 인간환경을 지키고 개선하는 것은 인류를 위한 필수적인 목표이며, 이는 세계 경제사회 발전과 평화라는 기 수립된 기본 목표와 함께 조화롭게 추구되어야 한다."라고 선언하고 있으며, 환경문제는 공통이익에 따른 국제기구의 행동과 국가 간의 광범위한 협력이 요구됨을 언급하고 있다. 26개 원칙 중 '원칙 24'는 "환경에 대한 부정적인 영향을 효과적으로 제거, 감소, 보호, 통제하기 위하여 다국가 간 혹은 양국 간의 협력과 또는 다른 적절한 수단이 필수적임을 강조"하고 있다. 유엔 인간환경회의에서는 스톡홀름선언 외에도 핵무기 실험 금지, 환경 관련 기금 창설, 유엔환경계획(UNEP) 창설 등에 관한 5개 결의문이 채택되었다.

1981년 IUCN 총회에서 채택된 결정문 15/2 '보전과 평화'는 "자연보전의 많은 측면은 국가 간의 국제협력을 통해서만 효과적으로 다루어질 수 있다는 점에 유의"하고 "인간과 환경의 미래가 전쟁과 그 밖의 적대적 행동으로 위험에 처하게 되는 데 우려"를 표명하고 있다. 주요 내용으로 "보전이 자연자원의 적절하고 생태학적으로 건전한 사용을 통해 평화에 기여하는 것처럼 평화는 자연보전에 기여하는 조건이라는 것을 단언"하며, "모든 국가는 유엔 및 기타 모든 국가 간의 평화와 안전 유지에 헌신하는 국제 논의를 활발히 추진할 것을 촉구"하고, 나아가 "모든 정부는 평화를 유지하고 세계 군비 축소에 기여하는 기존의 국제협약에 완전한 효력을 부여할 것"을 요구하고 있다.

세계자연헌장World Charter for Nature은 1982년 유엔 총회에서 채택(유엔 결정문 37/7, 111개국 찬성, 18개국 기권, 1개국 반대)되었으며, 자연 보호와 그 분야에서의 국제 협력 증진을 위한 적절한 조치의 필요성 인정하고 있다. 세계자연헌장에서는 인류가 자연의 일부라는 점을 인지하고 "인간은 자신의 행동이나 그 결과에 따라 자연을 변화시키고 천연자원을 고갈시킬 수 있으므로, 자연의 안정성과 특성을 유지하고 천연자원을 보존해야 하는 긴박성을 충분히 인식해야 함을" 강조하고 있다. 헌장은 5가지 일반 원칙을 제시하고 있는데, 5번째로 "전쟁 또는 기타 적대적인 활동에 따른 자연 파괴로부터 자연을 보호해야 한다."라고 언급하고 있다.

세계자연헌장의 일반 원칙
① 자연은 존중되어야 하며, 그 본질적인 과정은 손상되지 않아야 한다.
② 지구상의 유전적 생존력은 손상되지 않아야 한다. 야생과 가축의 모든 생명체의 개체군 수준이 적어도 생존을 위해 충분해야 하며, 그 목적을 달성하기 위해 필요한 서식지가 보호되어야 한다.
③ 육지와 바다를 포함하여 지구의 모든 지역은 이러한 보존 원칙의 적용을 받는다. 특별한 보호구역, 모든 종류의 생태계 중 대표적인 표본, 그리고 희귀종 또는 멸종 위기에 처한 생물의 서식지가 특별히 보호되어야 한다.
④ 인간이 이용하는 육지와 해양, 대기 자원뿐만 아니라 생태계 및 유기체는 최적의 지속 가능한 생산성을 달성하고 유지하도록 관리되어

야 하지만 그들과 공존하는 다른 생태계 또는 종의 보전을 위태롭게

하는 방식으로 관리되어서는 안 된다.

⑤ 전쟁 또는 기타 적대적인 활동으로 발생하는 자연 파괴로부터 자연

을 보호해야 한다.

'지구정상회의'로 알려져 있는 유엔 환경개발회의UNCED는 1992년 '전

지구적 환경문제에 대응하여 선진국과 개도국 간의 빈부격차 해소를 목

표'로 개최되었는데, 이 회의에서 '환경적으로 건전하고 지속가능한 발

전'을 주제로 한 〈리우선언〉을 채택하였다. 〈리우선언〉은 지구 환경 및

개발체제의 통합성 보호를 위한 국제협정 체결 노력, 우리들의 삶의 터

전인 지구의 통합적이며 상호의존적인 성격을 인식하고, 지속가능한 발

전을 위한 27개 '리우원칙'을 제시하고 있다. 인간을 중심으로 한 지속

가능한 개발 논의(원칙 1), 국제협력 필요성(공통적이나 차등적 책임,

원칙 7)과 더불어 '평화, 발전, 환경보호는 상호의존적이며 불가분의 관

계에 있음'(원칙 25)과 '국가는 그들의 환경 분쟁을 유엔헌장에 따라 평

화적으로 또한 적절한 방법으로 해결하여야 함'(원칙 26)을 강조하고

있다. 이는 유엔 지속가능발전목표(SDGs, 2015) 서문에서 강조하고

있는 5개 중요 분야 중 평화와 관련한 '평화촉진(공포와 폭력으로부터

자유로운 사회), 평화 없는 지속가능발전은 불가능하며, 지속가능발전

이 없는 평화는 없음'과 그 맥락을 같이한다고 할 수 있다.

지속가능발전목표 5개 중요 분야(5P)
People 사람
Planet 지구
Prosperity 번영
Peace 평화
Partnership 파트너십

지구헌장The Earth Charter(2000)은 서문에서 "우리는 삶과 문화의 다양성 속에서도 공동의 운명을 지닌 하나의 가족이며 하나의 지구 공동체임을 명심하여야 하며 우리는 자연에 대한 존엄성, 인권, 경제적 정의, 평화의 문화를 근거로 지속가능한 인류 발전을 위하여 함께 힘을 합쳐야 한다."라고 밝히고 있으며 자연환경 보호, 인권, 균형개발, 평화는 상호의존적이며 분리될 수 없다고 하는 윤리적인 비전을 제시하고 있다. 지구헌장은 지속가능한 삶의 방식을 위한 상호의존적 원칙으로 4개 분야 16개 원칙을 제시하고 있다. 4개 분야는 ①생명공동체에 대한 존엄과 보호, ②생태적 온전성, ③사회·경제적 정의, ④민주주의·비폭력·평화이다. 평화와 관련하여 원칙 16에서 "평화란 스스로와, 다른 사람과, 다른 문화와, 다른 생명과, 지구, 모두가 구성원으로 있는 더 큰 전체와 상호 올바른 관계 속에서 유지, 존속되는 전체성임을 인지한다Recognize that peace is the wholeness created by right relationships with oneself, other persons, other cultures, other life, Earth, and the larger whole of which all are a part"라고 제시한다. 또한 앞으로 나아갈 길에서 전 지구적인 상호의존과 보편적 책임감을 필요하다는 점을 강조하고 있으며, "우리가 사는 지금 이 순간이 생명에 대한 경의와, 지속가능한 삶을 위한 확고한 결의가 요구되며 정의와 평화, 환희에 찬 생명존중을 위한 싸움의 발걸음을 빨리하는 자각의 순간임을 기억하자"라는 표현으로 헌장을 마친다.

〈지구헌장 채택 배경〉
- 지구 헌장은 공정하고 지속 가능하며 평화로운 21세기 인류 사회를 만들어 나가는 데 필수적인 윤리와 규범이 담긴 국제 선언문
- 1987년 환경 · 개발세계위원회에서 우리 공동의 미래 보고서 발간과 더불어 새로운 규범 설정을 위한 새로운 헌장의 필요성 제기
- 세계적인 협의과정을 통해 작성되어 2000년 3월 유네스코 본부에서 지구헌장위원회 설립 합의에 이르렀으며, 그해 7월 29일 네덜란드 헤이그에서 공식 선포

이상에서 살펴본 다양한 국제적 결의사항을 살펴보면 자연보전을 포함한 환경 보호는 인류 공동의 책임으로 많은 부분에서 국제(양자 · 다자간)협력을 통해 그 성과를 도모할 수 있음을 인지하고 각 국의 참여와 협력을 권고하고 있다. 평화, 발전, 환경보호는 상호의존적이며 불가분

의 관계에 있어 '평화 없는 지속가능발전은 불가능하며, 지속가능발전이 없는 평화가 있을 수 없음'을 시사한다.

국제적 권고사항 : 접경지역 협력과 보호지역

환경보호, 평화, 지속가능발전이 상호의존적이어서 분리될 수 없으며 이는 국가 간 접경지역에서 그 중요성이 더 크다고 할 수 있다. 이러한 접경지역의 평화가 자연 및 환경 보전에 기여할 수 있는 것처럼 자연보전을 위한 활발한 협력은 그 지역의 평화 정착에도 기여할 수 있을 것이다. 이러한 맥락에서 접경지역의 보호지역 지정 등 보전 협력을 통한 평화 정착 이슈를 다룬 생물다양성협약과 IUCN의 국제적인 권고사항을 살펴보면 아래와 같다.

먼저 보호지역이 지향해야 할 이상적인 청사진을 제시했다고 평가받고 있는 생물다양성협약 보호지역 실행프로그램PoWPA은 제7차 당사국총회(2004)에서 채택되었는데, '생물다양성 보전에서 보호지역의 중요성'을 인식하고 그 역할 강화와 생물다양성 손실률의 획기적인 감소를 목적으로 하고 있다. 실행프로그램은 2010년까지 육지, 2012년까지 해양지역을 대상으로 광범위하며 효과적으로 관리되고 생태적 대표성을 띠는 국가 및 보호지역 시스템을 지정, 유지하도록 지원하는 것이다. 4개 프로그램 요소, 9개 주제, 16개 목적, 92개 활동으로 구성되어 있으며, 개별적 활동에 이행시기를 제시하고 있다. 그 중 평화구축을 위한 보호지역 측면의 접경협력과 관련하여 목적 1.3을 설정하고 있다.

PoWPA 목적 1.3은 '지역 네트워크 구축 및 강화, 접경보호지역 및 국경을 넘어 인접 보호지역 간 협업'을 강조하고 있다. 2010년(해양 2012년)까지 접경보호지역의 설립 및 강화, 국가 간 경계를 가로지르는 인접한 보호지역 간의 협력 구축, 생물다양성의 보호와 지속가능한 이용의 향상, 생태계 접근방식 실행, 국제적 협력 개선 등을 제시하고 있다. 세부 목표로 다섯 가지를 아래와 같이 제시하고 있다.

목적 1.3.1 다른 당사국 및 관련 파트너와 협력하여 특히 공통의 보전 우선순위로 확인된 지역(예 : 산호초군락, 대규모 하천 유역, 산악 시스템, 현존하는 대규모 산림 지역, 멸종위기종의 중요 서식지)을 대상으로 효과적인 보호지역 네트워크를 구축하고, 효과적인 장기 관리를 지원하는 데 적절한 다국가 간 조정 메커니즘 구축

목적 1.3.2 유엔 해양법협약 등 국제법과 과학적인 정보에 따라, 국가 관할권의 경계를 넘어 해양 보호지역을 설정, 관리하기 위해 유엔 해양법 비공식협의체UNICPOLOS를 통해 다른 당사국 및 관련 파트너와 협력

목적 1.3.3 적절한 경우 인접 당사자 · 국가와 새로운 접경보호지역

을 지정하고 기존 접경보호지역의 효과적인 협업 관리를 강화한다.

목적 1.3.4 국경을 넘어 보호지역 간 협력을 촉진한다.

목적 1.3.5 접경보호지역 지정 및 협력적 관리 접근 방식에 대한 지침 개발을 위해 관련 기관·단체와 협력하고 협의한다.

또한 생물다양성협약 제12차 당사국총회(2014)에서 우리나라가 발의하여 채택된 '평화와 생물다양성 대화 이니셔티브'는 생태계 관리와 국가 간 보전에 대한 국제적 협력 강화를 목적으로 PoWPA 목적 1.3과 아이치 목표 11 성취를 지원하기 위한 지역별 워크숍과 전문가 워크숍 개최 등 지원 활동 강화 내용을 담고 있다. 위 이니셔티브의 목적은 평화공원의 가치와 생물다양성 보전혜택, 특히 보전이 어떻게 분쟁완화에 도움이 되는지를 보여주고자 한다. 평화공원으로 지정될 수 있는 지역을 포함한 전 세계 접경지역 보전 권역 정보를 갱신하고, 기존 평화공원의 협력을 강화하고 새로운 평화공원 지정을 촉진하고자 한다. 평화공원조성 계획 및 구현을 위한 기술지원과 역량강화와 더불어 모범 사례를 널리 공유하고자 한다.

접경보호지역의 주요 목표는 일반적으로 ①생물다양성 보전 ②사회·경제적 발전 ③평화와 협력 문화의 증진이다. 평화공원의 구체적인 목표는 다음 측면을 포함할 수 있다.

- 경계를 넘어 생물다양성, 생태계 서비스, 자연·문화적 가치의 장기적 보전 협력 지원
- 토지이용 통합 계획 및 관리를 통한 경관 수준 생태계 관리 추진
- 국가와 지역사회, 기관, 이해관계자 간의 신뢰 구축, 이해, 화해와 협력
- 자연자원에 대한 과도한 접근을 포함한 긴장 예방과 해소
- 무력 충돌에 따른 화해·해결 촉진
- 공동 연구 및 정보 관리를 포함한 생물다양성과 문화자원 관리 기술·경험 공유

생물다양성협약은 현재 특정 교차이슈 중 하나로 '평화와 생물다양성 대화 이니셔티브'를 추진하고 있는데, 전 세계적으로 보호지역에서 접경협력을 촉진하며, 이니셔티브를 통해 생물다양성협약 당사국은 접경협력에 관한 지식과 모범 사례를 공유하고자 한다. 또한 생물다양성협약 사무국, 이와 관련된 전문지식이 있는 많은 파트너와의 협력을 통해 기존 협력 메커니즘을 강화하거나 새로운 협력 메커니즘 개발을 모색할 수도 있다.

〈표 1〉 생물다양성협약(CBD)의 접경지역 보전협력 관련 결정문

연도	결정문 제목	내용
1998	COP 4.4 내륙 수자원 생태계의 생물다양성 상태와 추세 그리고 보전과 지속가능한 사용을 위한 선택	다자간 협정 등을 통해 접경지역의 분수령, 저수지 유역과 이동성 동물의 지속적인 관리의 효과적 협력을 개발, 유지 접경지역의 육수생태계는 관련된 지역적, 국제적 기관 등을 통해 평가되어야 함
1998	COP 4.15 CBD와 지속가능발전위원회^{CSD}, 생물다양성 관련 협약, 다른 국제협약, 기구와 관계	접경보호지역의 관리체계를 발전시키기 위해 다른 기관과 협력 권장
2000	COP 5.6 생태계 접근 방법	생태계와 관련하여 접경지역의 협력이나 국제적 협력 같은 수준에서 행동 요구
2004	COP 7.16 조항 8(J)와 관련된 규정	접경지역의 생물학적, 유전자원과 전통관련 지식의 분포를 인식
2004	COP 7.28 PoWPA 목적 1.3 지역 네트워크, 접경 보전지역 설립 및 강화, 접경 보호지역 간의 협력	보호지역의 관리를 위한 국가 간 협력 강화, 가이드라인 및 정보 구축
2006	COP 8.1 섬의 생물 다양성	유엔협약의 법률에 근거한 적절한 장소에 접경해양 보호지역 지정 장려
2006	COP 8.2 건조지역과 반 습지 지역의 생물다양성	접경지역 및 지역사회 기반의 자연자원 관리
2014	COP 12 평화와 생물다양성 대화 : 생태계 관리와 국가 간 보전에 대한 국제적 협력 강화	지구적 평화와 생물다양성을 위한 방안과 수단 논의, 한국의 지원활동 강화

자료 : 국립공원관리공단(2016) 29쪽 내용 보완 · 정리

'접경지역 협력과 보호지역'과 관련한 세계공원총회 권고문을 살펴보면 '평화, 분쟁과 보호지역(IUCN WPC Rec.5.15, 2003)'은 평화, 갈등과 보호지역의 연관성을 고려하여 정부·비정부·지역사회와 시민사회의 협력을 권장하고 있다. 주요 권고사항은 ①보호지역과 분쟁지역 간의 상호관계 인식 ②보호지역 내의 분쟁상황에 대응 가능한 전문가 양성 ③보호지역의 평화를 위한 인도주의적 노력 지원 ④당사국의 책임 강화 등이다. 이와 더불어 '국가간 보전 이니셔티브 발전을 지지하기 위한 글로벌 네트워크 구축(IUCN WPC Rec.5.11, 2003)'은 접경지역 계획을 위한 국제네트워크 협력 필요성을 강조하고 있는데, 주요 권고사항은 ①접경지역 보전 관련 포럼 설립 지원 ②보전 이니셔티브를 위한 도구와 메커니즘 개발 ③보호 모니터링과 협력 평가 프로그램 개발 ④국제적 인증 보호지역 지정 확대 등이다. 참고로 IUCN 세계공원총회는 10년마다 열리는 보호지역과 관련한 대표적인 글로벌 포럼으로, 세계적으로 영향력 있는 보호지역 관련 전문가, 기관, 이해관계자 등이 모여 보호지역을 포함한 자연보전 관련 향후 10년간의 세계적 의제를 설정(1962년 이후 지금까지 6회 개최)하고 있다.

〈표 2〉 세계공원총회의 접경지역 보전협력 관련 권고문

연도	제목	내용
2003년	권고문 11 국가 간 보전 이니셔티브 발전을 지지하기 위한 글로벌 네트워크 구축	접경지역계획을 위한 국제네트워크 협력 필요성 강조
2003년	권고문 15 평화, 분쟁 그리고 보호지역	평화, 갈등과 보호지역의 연관성을 고려하여 정부 · 비정부 · 지역사회와 시민사회의 협력 권장
2014년	주제별 권고사항 : 보전 목적 성취	정부는 초국경적 이니셔티브를 포함한 단절된 경관의 연계 또는 경관 연결성 증진을 위한 연결성 계획을 지원하고 이를 위한 인센티브 개발
2014년	주제별 권고사항 : 기후변화 대응	육상 및 바다 경관이 기후변화에 따라 변화 · 적응 할 수 있도록 이러한 경관을 보호 연결하기 위하여 국가 내에서 또는 국경을 초월하여 새로운 파트너십 모색
2014년	주제별 권고사항 : 해양보전	공해상(해저 포함) 생물다양성 보호 관리를 위한 대책 마련

자료 : 국립공원관리공단(2016) 31쪽 내용 재정리

우리나라에서 발의하여 전 세계 총 23개 기관이 공동으로 개발에 참여하여 채택된 2016 IUCN 세계보전총회 〈Res. 35 접경협력과 보호지역〉은 생물다양성이 높은 지역 중 많은 부분이 국경에 인접해있으며 최근 접경지역 이니셔티브가 확대되고 있음에 주목하고 국경과 국경을 사이에 둔 접경지역 협력이 자연 보전, 생태적 지속가능성, 기후변화 대응에 효과적이며, 지속가능한 사회경제적 발전, 평화 증진 등을 포함한

다양한 목적을 달성할 수 있음을 인정하고 있다. 또한 정치적으로 불안정한 시기에 접경지역 보전을 위한 협력 체계(지역사회, 원주민, 보호지역 관리자, 보전 관계자, 시민사회, 과학자)는 그 지역의 평화 정착은 물론이고 기후변화 시대의 국제협력을 위한 플랫폼으로 사용될 수 있다는 사실 또한 인정하고 있다.

주요 권고사항으로 기존 및 신규 접경지역의 소통을 지원하고, 접경보호지역에 대한 IUCN 세계보호지역위원회WCPA 지침서(2015) 이행을 장려하고 있다. 또한 접경지역 보전 메커니즘을 강화하고, 관련 정보 공유 및 글로벌 인벤토리 구축, 글로벌 플랫폼 설치를 장려하고 있다. 또한 IUCN 내 모든 학술위원회의 협력을 강화하고, 지역 프로그램을 활용한 접경협력 지원, 접경지역 내 법적 자원센터 마련을 권고하고 있다.

접경보호지역 개념

2015년 발간된 IUCN의 '접경지역 보전에 관한 지침(2015)'에 따르면 접경보호지역을 "하나 이상의 국가 간 경계를 넘어 생태적으로 연결된 보호지역으로 일정 형태의 협력을 수반한 지리적으로 명확하게 한정된 공간"으로 정의 하고 있다.

IUCN WCPA의 접경지역 보전 전문가 그룹은 접경보전지역을 세 가지 유형으로 구분하고 있다.

〈 IUCN의 접경보전지역 유형 구분 〉

비고	유형
유형 1	접경보호지역 (Transboundary Protected Area)
유형 2	접경 보전 경관과 해양경관 (Transboundary Conservation Landscape and/or Seascape)
유형 3	접경 이동성 생물 보전지역 (Transboundary Migration Conservation Area)
3개 유형 모두에 특별히 지정할 수 있는 유형	평화를 위한 공원 (Park for peace)

자료 : IUCN, 2015, Transboundary Conservation A systematic and integrated approach, p.8.

첫 번째 유형인 '접경보호지역'은 지리적으로 명확하게 한정된 공간으로, 하나 이상의 국경을 넘어 생태적으로 연결되는 보호지역 유형이며 협력 활동을 수반한다. 두 번째 유형인 '접경 보전 경관 및 해양 경관'은 하나 이상의 국경을 가로지르는 생태학적으로 연결된 지역으로, 보호지역과 다양한 자원 이용 지역을 모두 포함하며 협력 활동을 수반한다. 접경 보전 경관(해양경관)은 보호지역뿐만 아니라 지속가능한 발전을 통해 보전 목표를 지원하는 다른 지역을 포함할 수 있으며, 이들 다중 이용 지역은 보호지역의 목적에 부합하며 접경 보호지역이 하나의 경관 및 해양 경관으로 통합될 수 있도록 도와주는 역할을 한다. 세 번째 유형인 접경 이동성 생물 보전지역은 두 개 이상의 국가 사이에 있는 야생생물 서식지로서 이동성 생물의 개체수를 유지하기 위해 지정되

는 곳으로, 협력활동을 수반한다. 이 개념은 기존의 접경 이동 통로와
는 차이가 있는데, 수정된 명칭이 지리학적 · 공간적 지역을 더 잘 묘사
한다고 할 수 있다.

〈표3〉 접경 보호지역 유형별 특성 비교

특징	접경 보호지역	접경 보호 경관 (해양 경관)	접경 이동성 생물 보전지역
국경을 넘는 협력	예	예	예
보호지역 포함	예	예	반드시 그렇지는 않음
보호지역은 아니지만, 지속가능하게 관리되는 지역을 포함	아니요	예	반드시 그렇지는 않음
공유 생태계	예	예	반드시 그렇지는 않음
접경보전지역 내 단위 공간 사이의 물리적 인접성	예	예	반드시 그렇지는 않음
종 · 서식지 관리에서 국가 간 협력	예	예	반드시 그렇지는 않음
이동성 생물의 보호가 협력의 주된 원인	반드시 그렇지는 않음	반드시 그렇지는 않음	예
운영관리에서 국가 간 협력, 지역사회의 관계 강화, 방문자 관리, 보안사항 고려	예	예	반드시 그렇지는 않음

자료 : IUCN, 2015, Transboundary Conservation A systematic and
integrated approach, p.14.

'평화를 위한 공원'은 세 가지 유형의 접경보호지역 모두에 특별히 지
정할 수 있는 유형으로 접경지역의 평화와 협력을 촉진, 축하, 기념하기
위해 조성한다. 기존에 사용된 용어인 평화공원은 종종 접경지역과 관계

없는 상황에 쓰이기도 하여, IUCN은 1997년부터 접경보호지역의 한 유형으로 '평화를 위한 공원'을 사용하기로 하였다(IUCN, 2015). 평화를 위한 공원의 목적은 지속적인 평화를 축하하고 기념하거나 평화와 협력을 강화하기 위함이며 또한 미래의 평화를 촉진하고자 하는 것이다.

접경보호지역 사례

콘도르산맥 접경보호지역

(Cordillera del Condor Transboundary Protected Area)

페루와 에콰도르 접경지역으로 총 1만 6,505.5㎢로 에콰도르의 엘 콘도르(El Condor)공원 25.4㎢, 페루의 생태보호구역 54.4㎢, 페루의 산티아고-코마이나(Santiago-Comaina) 보전지 1만 6,425.7㎢로 구성 되어 있다. 에콰도르와 페루는 19세기 초 스페인으로부터 독립한 이후 부터 국경선이 명확하지 않은 문제로 국경 분쟁이 있었으며 1828년 이 후 1998년까지 34차례에 걸쳐 군사적 충돌이 지속되었다고 한다.

1942년 에콰도르와 페루는 휴전에 합의하였는데, 1960년 에콰도 르 대통령이 지리적 모순과 협상 과정의 억압을 이유로 합의 전체의 무 효화를 선언하였고, 그 후 1995년 1월 에콰도르와 페루의 세네파 전쟁 이 발발하기에 이른다. 이 전쟁의 종결을 위해 두 국가는 리우 협약 보 장국이 참여하여 외교 협상을 시작(1995년 2월)하였고 해당 지역에서 양 국가의 군대를 철수하기로 결정하였다. 그러나 계속된 협상을 거쳐 1997년 국경 통합, 안보 협정, 토지국경선 획정 등에 관한 내용을 포함 하는 '브라질리아 선언'Acta Presidential de Brasilia에 합의하였다.

〈표 4〉 1998년 브라질리아 선언 내용

주요 내용
· 분쟁지역 모두를 환경보호지역으로 만든다. 양국은 각 국경지역에 국립공원을 조성한다. 두 국립공원은 같은 이름을 공유한다.
· 지역의 원주민 공동체는 양 국경 공원을 자유로이 왕래할 수 있다.
· 에콰도르는 1995년 전투가 벌어졌던 지역에 있는 페루 영토 1㎢의 권리를 인정받는다.
· 에콰도르 국민은 에콰도르 영토로 연결되는 5m 폭의 공도를 통한 자유 통행 권리를 부여받는다.
· 교역 및 항행 협정에 따라, 페루는 에콰도르에 아마존 강에 대한 자유롭고 지속적이며 영원한 접근권을 부여한다. 그리고 추후 교역과 항해를 위해 물류와 재수출품 처리가 가능한 시설을 설립한다.
· 국경을 따라 태평양에 이르는 자루밀라(Zarumilla) 운하 급수와 관련된 외교 문서를 교환한다.

출처 : The Carter Center 2010; 이상현 외(2015)에서 재인용

1993년부터 1994년까지 국제보전협회CI, Conservation International
는 정부기관과 지역 과학자와 함께 콘도르산맥의 생태적 다양성과 서식
지 연구를 수행하고 보존의 필요성을 제기하였다. 국제보전협회와 국제
열대목재기구International Tropical Timber Organization, ITTO의 노력으로
1999년 에콰도르 정부는 25.4㎢의 콘도르국립공원을 지정하였으며, 페
루는 국경지역에 걸쳐 54.4㎢의 생태보호구역을 설정하고 산티아고-코
마이나 보전지를 지정하였다. CI와 ITTO는 2002년부터 2004년까지 '에
콰도르와 페루의 콘도르 산맥 평화와 보존 프로젝트'를 실행하였다. 이

프로젝트는 ITTO의 재정적 지원과 정부기관, 원주민 지역사회, 국가 및 국제 NGO와 협력으로 이루어졌으며, 에콰도르와 페루의 기술 협력, 국경 보호지역 설립과 보호지역 관리계획의 통합 등을 추진하였다. 이러한 노력은 2004년 콘도르-쿠투쿠 보전지역 평화공원(Condor-Kutuku Conservation Corridor Peace Park) 탄생으로 이어졌다. 이는 다수의 단체가 참여하는 보전협력을 통한 포괄적 갈등 해결의 실험적 사례로서 전 세계적으로 평화공원 전략의 인식과 실행 가능성에 관한 인식을 증진시켰다고 할 수 있다.

동부 카르파티아 접경생물권보전지역

(Transboundary East Carpathians Biosphere Reserve)

동부 카르파티아 접경생물권보전지역은 유네스코가 지정한 세계 최초의 3개국 생물권보전지역으로, 폴란드, 슬로바키아, 우크라이나의 접경지역이다. 1947년 중반까지 제2차 세계대전의 군사작전 지역이었으나 이후 전체가 자연 식생과 동물의 서식지로 변모하였다. 전체 면적의 27.5%를 우크라이나가 차지하고 있으며, 해발고도 범위가 210~1,346m의 산악지대로 조림이 잘되어 있다. 카르파티아산맥의 천연 자작나무와 전나무 숲을 포함한 세계유산 지역의 원생 자작나무 숲으로서 2006년 세계유산 목록에 등재되었다. 경관 면으로는 고산식생대보다 아고산대 초원이 나타나며, 대형 동물의 자연서식지로서 유럽에서 가장 중요한 은신처 중 하나이다. 이곳은 불곰, 늑대, 스라소니, 산고양이 등 대형 토착종 포식자와 붉은사슴, 재유입된 유럽들소, 비버 등 대형 토착종 초식동물이 존속 가능한 규모의 개체군을 유지하고 있는 지역이다.

1991년 5월 폴란드의 비슈츠샤디국립공원, 슬로바키아의 비초드네 카르파티 보호경관지역, 우크라이나의 자카르파틀레스 산림관리청 등 3국의 서로 인접한 보호지역 관리 당국은 상호 협력을 위한 합의문에 서명하였고, 이는 1991년 9월 3국의 환경부 장관들이 서명한 동부 카르파티아 지대의 접경생물권보전지역의 지정을 위한 3국 간 의정서를 비준하였다. 1992년 11월에는 유네스코가 폴란드-슬로바키아가 신청한 '동부 카르파티아 생물권보전지역'을 지정하였고, 1993년 우크라이나의 스투지차 경관보전지역을 별도로 생물권보전지역으로 지정하였다. 1998년 12월 유네스코는 세계 최초로 3국 접경생물권보전지역으로서 동부 카르파티아 생물권보전지역을 지정하기에 이른다.

동부카르파티아 생물다양성 보전재단은 1995년 스위스에 등록되었고, 1996년에는 NGO와 지역공동체를 위한 첫 소액지원 사업을 개시하였다. 세계 최초 3개국 접경생물권보전지역 지정은 국제원조단체의 관심을 받았으며 2001년 재단은 폴란드에 대표사무소를 개설하였고,

2004년 접경지역 협력지원계획을 출범시켰다. 그러나 2006년 폴란드의 정치적 격변은 공원의 인력 교체와 국제협력에 대한 태도 변화로 이어져 같은 해 재단은 모든 사업을 중단하고 지역 사무소를 폐쇄하게 되었다.

2007년 이후 동부 카르파티아 접경생물권보전지역에서의 협력은 폴란드에서 매년 열리는 과학 회의에 국한되어 이뤄지고 있는데, 이 생물권보전지역의 접경지역 협력 발전은 3국 모두의 보호지역 관리자와 과학자 간에 우호적이고 편한 관계가 형성되었기에 가능했다고 할 수 있다.

워터튼-글레이셔 국제평화공원

(Waterton-Glacier International Peace Park)

1932년 미국과 캐나다 국경에 걸쳐있는 캐나다 워터튼국립공원과 미국 글레이셔국립공원이 세계 최초의 국제평화공원으로 지정되어, 양국의 항구적인 평화와 우호의 상징으로 자리매김하였다. 양국의 로터리클럽 회원들과 국립공원 관리자들이 두 공원의 생태적, 지리적 동질성과 지역 원주민간 이주 및 갈등 치유 목적으로, 야생동물과 주민들의 자유로운 왕래를 보장하기 위하여 평화공원 지정을 발의하였다. 양국 의회가 이 두 공원의 통합을 결의하면서, 세계 최초의 '워터튼-글레

이셔 국제평화공원'이 탄생하게 된 것이다. 그 후 이 사례는 국경을 초
월한 생태적, 인문적 통합과 지역분쟁 해결에 효과적인 '평화 아이콘'으
로 인식되었으며, 접경보호지역의 협력 및 평화에 기여한다는 데 인식
이 높아지고 있다.

IUCN의 접경보호지역

　IUCN의 접경보호지역의 글로벌 인벤토리 구축은 UNEP의 세계보
전모니터링센터WCMC에서 수행하며 2007년 기준으로 227개의 접경
보호지역 집합체가 지정되었으며 지정, 관리는 IUCN의 접경지역 보전
전문가 그룹에서 작성한 가이드라인을 기반으로 이루어진다. 일례로 북
한의 백두산, 중국의 칭바이산(長白山)과 징푸호(鏡泊湖), 러시아의 케
드로바야 파드가 포함된 총 6,043.97㎢ 지역이 하나의 접경 보호지역
으로 지정되어 있다.

보전협력을 통한 평화정착 시사점

이상에서 살펴보았듯이 평화, 발전, 환경보호는 상호의존적이며 불가분의 관계에 있다. 또한 접경지역의 보전협력은 지역의 평화 정착 및 지속가능발전을 도모하기 위한 수단으로서 매우 유용하게 활용될 수 있음을 알 수 있었다. 정치적 또는 군사적 대립과 충돌이 있는 접경지역에서 환경, 문화 등 비정치 분야의 협력을 통해 갈등과 분쟁을 해소하고 상호 지속적인 협력관계 구축을 시도한 다양한 사례가 있으며, 남북 간에도 여러 차례의 공동선언을 통해 다양한 환경 관련 협력사항에 합의한 바 있다. 대표적인 합의 내용을 몇 가지 살펴보면 남북 사이의 화해와 불가침 및 교류 · 협력에 관한 합의서(1991. 12. 13.)의 '남북교류협력(3장)' 부속합의서(1992. 9. 17.) 제2조에 과학 · 기술, 환경 분야에서 교류협력 실현을 언급하고 있다. 남북보건의료 · 환경보호협력분과위원회 제1차 회의(2007.12.21.) 합의서에서는 남과 북은 보건의료 · 환경보호 · 산림분야 협력을 적극 추진해 나가기로 합의(백두산 화산 공동연구사업, 대기오염 측정시설 설치 · 확대, 환경보호센터와 한반도 생물지 사업, 산림녹화협력사업 단계적 추진, 산림병해충 조사 · 구제)한 바 있다. 그리고 평양 공동선언문(2018. 9. 19.)을 통해 남과 북은 자연생태계의 보호와 복원을 위한 남북 환경협력을 적극 추진하기로 하였다.

이러한 기존 합의에 기초하여, 급변하는 협력환경 속에 놓여 있는 한반도의 평화 정착을 도모하고 생태공동체를 구현하기 위해 생태외교의 한 형태로서 '설악-금강 국제평화공원', 'DMZ의 국제평화지대화' 등을 포함한 다양한 보전 협력 강화 노력이 필요하다고 할 수 있다. 참고로 환경부 · 국립공원공단(2018)의 '자연환경 분야 남북협력 방안 연구'에 따르면 자연환경 분야 15건의 잠재 남북 협력 사업을 종합적으로 검토해 사업 추진 우선순위로 ①설악-금강 국제평화공원 지정 추진 ②임농복합경영지원 · 협력 ③국제적 중요 이동성 조류(저어새, 두루미 등) 공동 보전 사업 ④남북 생태관광 연계 · 활성화 ⑤한반도 대표 생태계 및 생물다양성 통합정보 구축 등을 제시하고 있다.

협력사업의 효과적 추진을 위해서는 남 · 북한을 포함한 국제적 공감대 형성, 적합한 파트너와 협력체계 구축 등을 포함한 체계적인 접근이 필요할 것이다. 이 같은 노력을 통해 한반도의 건강한 생태공동체 구현과 함께 한민족의 소망인 평화 정착이 실현되는 미래가 큰 걸음으로 더 가깝게 다가오기를 희망해 봅니다.

〈 참고 문헌 〉

IUCN(2015), Transboundary Conservation A systematic and integrated approach

Martin Holdgate(1999), The Green Web : A Union for World Conservation. Earthscan Publications Ltd. UK. 328pp.

국립공원관리공단(2016), DMZ의 효과적 보전 및 현명한 이용을 위한 2016 WCC 발의안 개발 연구

국립공원관리공단(2017), DMZ 관련 2016 WCC 발의안 이행방안 마련을 위한 연구

허학영 · 심숙경(2020), 자연환경 분야 남북협력 증진 방안 연구 ; 사례분석 및 전문가 인식조사에 근거한 잠재 협력사업 발굴을 중심으로. 한국환경생태학회지 34(5) : 483-490

환경부 · 국립공원관리공단(2018), 자연환경분야 남북협력방안 연구

https ://www.cbd.int/peace/

< UN General Assembly. **71/189.** Declaration on the Right to Peace >

Seventy-first session Agenda item 68 (b)

Resolution adopted by the General Assembly on 19 December 2016
[on the report of the Third Committee (A/71/484/Add.2)]

71/189. Declaration on the Right to Peace

The General Assembly,
 Recalling all previous resolutions on the promotion of the right to peace
and the promotion of peace as a vital requirement for the full enjoyment of
all human rights by all, adopted by the General Assembly, the Commission
on Human Rights and the Human Rights Council, in particular Council
resolution 20/15 of 5 July 2012,1
 Stressing that peace is a vital requirement for the promotion and protection
of all human rights for all,
 Welcoming the adoption by the Human Rights Council, by its resolution
32/28
of 1 July 2016,2 of the Declaration on the Right to Peace,
 1. Adopts the Declaration on the Right to Peace, as contained in the annex
         to the present resolution;
 2. Invites Governments, agencies and organizations of the United Nations
         system and intergovernmental and non-governmental organizations
         to disseminate the Declaration and to promote universal respect and
         understanding thereof;
 3. Decides to continue consideration of the question of the promotion of
         the right to peace at its seventy-third session under the item entitled
         "Promotion and protection of human rights".

65th plenary meeting
19 December 2016

< IUCN General Assembly 15/2 Conservation and Peace, 1981 >

CONSERVATION AND PEACE

RECALLING that the central message of the World Conservation Strategy is that conservation of nature must be made an integral part of the development process;
NOTING that many aspects of nature conservation can only be effectively addressed through international cooperation among States;
RECOGNIZING that this international cooperation is best promoted when mankind is at peace with itself;

RECOGNIZING ALSO principles and recommendations adopted by the United Nations Conference on the Human Environment (1972), Resolution 35/7 of the 35th Session of the United Nations General Assembly on the Charter for Nature and on the Historic Responsibility of States for the Preservation of Nature for Present and Future Generations, and the World Conservation Strategy; CONCERNED that man's future and that of his environment is endangered by war and other hostile actions which negatively offset the economic and ecological situation, including :
— diverting large quantities of monetary and natural resources for armaments;
— discharging toxic and radioactive wastes in the human environment; and
— destroying the habitats which are necessary for species conservation;

RECALLING international agreements concerning weapons of mass destruction on the sea bed; the prohibition of bacteriological and toxic weapons; and the prohibition of military and other hostile use of environmental modification techniques; The General Assembly of IUCN, at its 15th Session in Christchurch, New Zealand, 11-23 October 1981 :
AFFIRMS that peace is a contributory condition to the conservation of nature, just as conservation itself contributes to peace through the proper

and ecologically sound use of natural resources;

CALLS UPON all States to pursue diligently international discussions in the United Nations and other for a dedicated to the maintenance of peace and security within and between all States; and

FURTHER CALLS UPON all governments to give full effect to existing international agreements which contribute to the maintenance of peace and the reduction of global armaments.

3장

생물다양성(Biodiversity)⁺
보호지역(Protected Areas)+자연공존지역(OECM)

생물다양성(Biodiversity) + :
보호지역(Protected Areas) + 자연공존지역(OECM)

자연 공존 · 상생지역,
모든 국민이 향유(Sharing)와
돌봄(Caring)을 함께하고,
건강한 자연을 미래 세대에 계승해야 ...

생물다양성은 "육상, 해양 및 그 밖의 수중 생태계와 이들 생태계가 부분을 이루는 복합 생태계 등을 포함하여 모든 원천에 살아있는 생물 간의 변이성을 의미한다(협약 제2조). 생물다양성은 생태계 다양성, 생물종 다양성, 유전적 다양성 등 3가지로 나눌 수 있다. 생태계 다양성은 사막, 습지대, 호수 및 농경지 등의 다양한 서식지로 각 생태계에 속하는 모든 생물과 무생물의 상호작용에 관한 다양성을 의미한다. 생물종 다양성은 종간의 다양성으로 동물, 식물 및 미생물 등의 다양한 생물종이며, 한 지역 내의 다양성 정도, 분류학적 다양성을 말한다. 끝으로 유전적 다양성은 종 내의 다양성으로 유전자 변이, 종 내의 여러 집단을 의미하거나 한 집단 내 개체들 사이의 유전적 변이를 의미한다. CBD는 생물다양성 보전정책으로 (제6조)보전 및 지속가능한 이용을 위한 일반적 조지, (제7조)확인 및 감시, (제8조) 현지-내 보전, (제9조)현지-외 보전 등 다양한 조치를 제시하고 있는데, 이 중 현지-내 보전의 가장 강력한 수단이 보호지역이라고 할 수 있다.

보호지역(Protected Areas)은 야생생물의 핵심 서식처 보전, 자연 생태계 구조와 기능 유지 등 생물다양성 보전을 위한 토대가 되는 지역으로서, 지구 생태계·생물다양성의 보전은 물론 인류 복지를 위해서도 매우 중요한 지역이라고 할 수 있다. 또한 기후변화, 물 부족, 식량 부족, 자연재해 대응 등 인류가 직면한 다양한 위협에 대한 자연 기반 해결책(nature-based solution)으로도 주목을 받고 있다. 보호지역은 생물다양성협약(CBD)의 핵심이슈 중 하나로서 협약에 의해 다뤄지는 다양한 주제 및 교차 이슈의 주요 요소이기도 하다. CBD는 보호지역을 "특정 보전 목적을 달성하기 위하여 지정되거나 또는 규제·관리되는 지리적으로 한정된 지역"으로 정의하고, 당사국에 보호지역 시스템 구축과 생물다양성의 보전에 중요한 생물자원을 규제·관리하도록 하는 등 현지-내 보전 강화를 위해 다양한 사항을 권고하고 있다이 장에서는 보호지역에 대한 전반적인 이해를 돕기 위해, 보호지역에 대한 전반적인 개념, 생물다양성협약(CBD)의 보호지역, 국제 보호지역, 우수한 관리를 인증하는 IUCN 녹색목록(Green List), 새롭게 채택된 글로벌 보전 목표(K-M GBF 30by30 target)와 이의 성취를 위해 강조되고 있는 자연공존지역(OECM) 등에 대해 소개하고자 합니다[35].

---

35 자연환경해설사(양성과정), 보호지역 아카데미 등에서 실시한 "보호지역의 이해" 강의, 관련 발표 논문 및 보고서 등을 참고하여 정리하였다.

보호지역(Protected Areas)의 이해

보호지역의 정의(Definition)

보호지역에 대한 정의는 시대적 배경, 지역, 연구자에 따라 매우 다양하게 나타나며, 생물다양성협약(CBD)과 세계자연보전연맹(IUCN)의 정의가 국제적으로 통용되고 있다. CBD는 보호지역을 "특별한 보전 목적을 성취하기 위해 지정, 통제, 관리되는 지리적으로 한정된 지역(협약 2조)"으로 정의하고 있으며, IUCN은 "법률 또는 기타 효과적인 수단을 통해 생태계 서비스와 문화적 가치를 포함한 자연의 장기적 보전을 위해 지정, 인지, 관리되는 지리적으로 한정된 공간"으로 정의하고 있다(Dudley, 2008). 주된 지정·관리 목적이 자연의 보전에 있으며, 여기에서 자연(Nature)은 생물다양성(유전자, 종, 생태계), 지질다양성(geo-diversity), 지형 및 넓은 의미의 자연적 가치(landform and broader natural values)를 의미한다. 연관된 생태계서비스는 자연보전의 근본 목적에 반하지 않는 생태계서비스(조절서비스, 지원서비스, 문화서비스)를 의미하며, 문화적 가치는 자연보전을 해치지 않는 문화적 가치(성지, 영적, 문화 등)로 이들에 대한 장기적 보전 목적 성취를 위한 수단이 있어야 보호지역이라고 할 수 있다.

<우리나라의 보호지역(Protected Area) 정의>

윤양수 등(2000)	특정지역의 자연생태계, 자연경관지, 문화유적지 등의 자연환경이나 문화환경을 개발이나 훼손으로부터 보호하기 위하여 법률에 따라 지정된 일정한 구역
한국법제연구원(2005)	자연환경 또는 문화유산을 보호하기 위하여 일정한 관리방식 또는 계획 아래 개발 또는 이용을 제한하는 토지 · 산지 · 습지 · 수면
허학영(2006), 국립공원관리공단(2006)	생물다양성, 생태계, 자연 · 문화자원, 경관의 보전 및 지속가능한 이용을 목적으로 법적 또는 기타 효율적인 수단으로 지정 · 관리되는 지역

보호지역의 지정 목적 및 특성

"보호지역(protected area)"이라는 용어는 국립공원, 습지보호지역, 천연기념물, 원시야생지역, 야생생물 관리구역, 자연경관 보호지역 등의 토지 및 수자원 지역의 통칭으로, 보호지역의 지정 목적은 생물다양성, 자연, 경관 및 문화자원 등의 보호 및 유지 등 유형별 특성에 따라 지정 목적은 매우 다양하다. 세계자연보전연맹(IUCN)에서 제시한 보호지역 지정 목적을 구분해보면 아래와 같다.

- 과학적인 연구조사 (Scientific research)
- 원생지(야생지) 보호 (Wilderness protection)
- 종 · 생태계 보존 (Preservation of species and ecosystems)
- 환경 서비스의 유지 (Maintenance of environmental services)
- 특정 자연 · 문화 형상의 보호(Protection of specific natural and cultural features)

- 관광 및 휴양 (Tourism and recreation)
- 교육 (Education)
- 자연생태계 자원의 지속가능한 이용 (Sustainable use of resources from natural ecosystems)
- 문화적·전통적 특성 유지 (Maintenance of cultural and traditional attributes)

보호지역의 가치

보호지역은 생명지원시스템의 핵심요소라는 인식이 증가하고 있으며, 생태적, 사회적, 경제적으로 큰 역할을 요구받고 있다. 생태계서비스 및 생물자원에 대한 핵심적인 공급처가 보호지역이며, 탄소의 15%를 저장하고 있어 기후변화를 완화시키기 위한 전략의 핵심 요소이면서 기후변화 위기에 대응하기 위한 강력한 해법 중 하나로 주목받고 있다(Dudley, 2008; Dudley et al., 2010). 또한 보호지역은 생물다양성 보전의 핵심역할을 하고 있으며, 생물다양성은 인류를 포함하여 모든 생물종이 의존하는 근본적인 재화와 서비스를 제공한다(Ervin et al., 2010; SCBD, 2009; Emerton, 2009).

생태계서비스(Ecosystem Service)

생태계는 대기와 물을 정화하고, 농작물의 가루받이, 쓰레기 분해, 유해한 해충과 질병의 조절, 급격한 자연재해의 통제 등을 수행한다. 물,

식량, 의류, 연료, 의약품 등은 복잡한 생명네트워크의 작용을 통해 생산

된다.

- 지원 서비스(Supporting services) : 지원 서비스는 일차 생산, 물질 순환, 물 순환, 가루받이(pollination), 서식처 제공을 포함하는 간접적 혜택으로 생태계가 문화, 공급, 조절 서비스를 할 수 있도록 해줌.

- 공급 서비스(Provisioning services) : 공급 서비스는 생태계를 통해 산출된 생산품을 의미. 인류 식량의 상당한 부분은 생태계의 공급 서비스에 큰 영향을 받음.

- 조절 서비스(Regulating services) : 생태계가 우리의 환경에 주는 혜택을 의미(수질, 대기, 기후조절, 병해충 및 자연재해 등에 대한 자정작용, 완충작용 및 피해완화 등). 조절서비스는 광역적

- 문화 서비스(Cultural services) : 생태계로부터 얻어지는 무형적인 혜택(비물질적)으로, 이는 생태계의 심미적, 영적, 종교적, 문화적 친화력과 유산 가치, 교육과 과학 등을 포함

보호지역의 유형/카테고리(IUCN 보호지역 관리 Category)

IUCN은 지정 목적에 따라, 보호지역을 다음과 같이 크게 6가지 유

형(총 7가지 유형)으로 구분하고 있다.

- Category Ⅰa 엄정자연보전지(Strict nature reserve) : 지역적, 국가적, 세계적으로 뛰어난 생태계, 생물종(사건 또는 집단) 그리고 지리다양성(Geodiversity) 보전을 목적

- Category Ⅰb 야생지역(Wilderness area) : 현대적 기반시설이 없는 지역으로 인간의 활동으로 인한 중대한 교란이 없으며 자연의 힘과 형성과정이 지배하는 지역으로, 현세대와 미래세대가 그런 지역을 경험할 기회를 가질 수 있도록 자연지역의 장기적인 생태계 온전함(Integrity)을 보호는 것을 목적

- Category Ⅱ 국립공원(National park) : 생물다양성을 보호하고 생태계 구조와 형성 과정을 지원하며 교육과 휴양 증진을 목적
- Category Ⅲ 자연기념물(Natural monument) : 생물다양성과 서식지와 관련되어 있거나 자연적인 특징이 있는 독특하고 뛰어난 지역을 보호하는 것을 주요 목적
- Category Ⅳ 종 및 서식지관리지역(Habitat/species management area) : 생물종 및 서식지를 보호, 복원, 유지를 목적으로 하는 지역
- Category Ⅴ 육상(해양)경관 보호지역(Protected landscape / seascape)은 전통적인 관리행위를 통해 인간과의 상호작용에 의해 만들어진 중요한 육상(해상)경관과 이와 연관된 자연보전과 여타 가치를 보호하고 유지하기 위한 지역
- Category Ⅵ 자원관리보호지역(PA with sustainable use of natural resource) : 보전과 지속가능한 이용이 서로에게 상승작용이 될 수 있도록 자연생태계를 보호하고 자연자원을 지속가능하게 이용하는 것을 목적

보호지역 카테고리별 일반적인 특성

IUCN 보호지역 카테고리 Ⅰa와 Ⅰb의 경우 상대적으로 매우 높은 자연성을 가지며 최소한의 인간의 접근을 허용하는 특징이 있으며, 카테고리 Ⅰb, Ⅱ, Ⅴ, Ⅵ가 상대적 규모가 크며, 카테고리 Ⅲ이 상대적으로 규모가 작을 수 있으며, 카테고리 Ⅵ에서 상대적으로 경제성(지속가능 이용)이 개념이 다소 높다고 할 수 있다.

〈 IUCN 보호지역 카테고리별 일반적 특성 〉

유형	명칭	자연성 (상대적)	규모 (상대적)	인간의 접근	관리강도 (상대적)	경제성 (상대적)
I a	엄정자연보전지 (Strict nature reserve)	매우 높다	작다	신중한 과학적 접근	매우 낮다	낮다
I b	야생원시지역 (Wilderness area)	매우 높다	대부분 크다	최소한의 접근	매우 낮다	낮다
II	국립공원 (National park)	높다	대부분 크다	가능	낮다	보통
III	자연기념물 (Natural monument)	높다	대부분 작다	가능	낮다	낮다
IV	종 및 서식지관리지역 (Habitat/species management area)	보통	작다	가능	높다	낮다
V	육상(해양)경관 보호지역 (Protected landscape/ seascape)	낮다	대부분 크다	가능	높다	보통
VI	자원관리 보호지역 (PA with sustainable use of natural resource)	보통	대부분 크다	가능	높다	높다

※ IUCN(2008) Guidelines for Protected Area Management Categories

보호지역 관리 개념 변화 :

야생생물 관리 접근 변화(레오폴드 보고서[36])

Yellowstone 국립공원에서 관광객을 위해 사슴과 영양 개체 수 증가 도모(겨울철 먹이주기, 포식자 관리 등)로 인해, 1920대 이후 늑대 사라지고 사슴(Elk) 개체 수 증가함에 따른 생태계 영향 저감을 위해

---

36 레오 폴드보고서 (Wildlife Management in the National Parks : The Leopold Report, 1963)

1961년 약 4,300마리 사냥하였는데, 이는 대중의 반발을 야기하였다. 이 후 야생생물관리(Wildlife Management) 특별자문위원회 구성(1962, chair : A. Starker Leopold)되고, 이것이 레오폴드 보고서가 발간되었다(1963).

레오폴드 보고서는 국립공원(야생생물) 관리에 대한 원칙을 제시한 첫 번째의 구체적 계획이라고 할 수 있으며, 대표적 제안으로 ①(natural predation)공원 내 및 인접 지역의 대형 포식동물은 강하게 보호되어야 함, ②(trapping and transplanting) 1892년 이후 YellowstoneNP가 10,478 elk 공급(미국 서부 NPs 확산), 증식을 위해 필요하나 이것만으로는 개체 수 조절할 수 없으며 고비용임을 언급하고 있으며, 보호서의 주요 내용은 아래와 같다.

- 국립공원 관리 목적은 유럽인들이 처음 본 장면으로 보존(필요시 복원)하는 것(the ecologic scene as viewed by the first European visitors), 그 장면(scene)의 부분으로서 고유 야생 동물이 최대한 다양하고 풍요로워야 함
- 야생생물의 보호만으로는 목표 달성에 충분하지 않을 수 있음(서식지 손실 방지를 위해 서식지 조작, 개체수 조절이 필요할 수 있음, 특히 유제류)
- 공원청에서 관리 수요와 연관된 연구 프로그램이 크게 확대되어야 함(greatly expanded research program)
- 가능한 한 동물 개체수는 포식동물, 다른 자연적인 방법으로 관리되어야 하지만, 때로는 인위적 감소가 필요할 수 있음 (계절에 따른 공원 경계 밖으로 이주 시기)

－ 레오폴드는 1964년 늑대 재이입을 권고했지만 바로 받아들여지
지는 않았음(늑대 재이입프로그램, 1995-1997)

레오폴드 보고서는 국립공원의 관리 목적을 유럽 정착민이 처음 본 장면으로 보존하는 것으로 설정하였는데, 이는 생태적 경관(ecological secne)을 의미하며 그 안에 내재되어 있는 고유 야생생물의 다양성과 풍부성을 강조하고 있다는 점에서 매우 의미가 있다고 할 수 있습니다.

국제적인 보호지역 : 생물권보전지역, 세계유산, 람사르습지

UNESCO 생물권보전지역(Biosphere Reserve)

유네스코(UNESCO ; (United Nations Educational, Scientific, and Cultural Organization, 국제연합교육과학문화기구)는 4개의 과학프로그램[37](MAB(생물/생태), IHP(수문), IOC(해양), IGGP(지구과학))을 갖고 있으며 이 중 하나인 인간과 생물권 프로그램에 의해 지정되는 곳이 생물권보전지역이다. MAB는 인간과환경 사이의 관계 개선을 위한 과

---

37 · MAB : Man and Biosphere Program
   · IHP : International Hydrological Program
   · IOC : Intergovernmental Oceantographic Commission
   · IGGP : International Geoscience and Geoparks Program

학적 기초 수립을 목표로 하는 정부간 과학 프로그램으로, 생물다양성 보전과 지속가능한이용 조화 추구한다.

- 생물다양성 보전, 자원의 지속가능하고 공평한 이용, 인간의 복지가 이 프로그램의 핵심
- 1971년 시작되었으며, 초기에는 자연자원의 "보전"에 중점을 두었으나, 점차 용도지구별기능 및 지속 가능한 경제발전과의 협력 강조
- 생물권보전지역(biosphere reserve) 지정·운영을 통한 목적 달성 (세가지 기능 : **보전(Conservation)** : 생물다양성의 보전, **발전(Development)** : 지속가능한경제 발전 등, **지원(Logistic)** : 보전, 발전의 지원))

세계생물권보전지역네트워크 규약(WNBR, 1995)[38]에 의해 생물권 보전지역의 지정 요건 7가지를 제시하고 있다.

1) 지역을 대표하는 다양한 생태계를포함, 인간 간섭 다양
2) 생물다양성 보전에 중요
3) 지역수준에서 지속가능발전의 접근 방법 기회 제공
4) 세가지 기능을 수행하기 위한 적절한 크기(면적)
5) 적절한 구획화를통하여 3가지 기능(보전, 발전, 지원)수행

---

38 WNBR (World Network of Biosphere Reserves) 규약(1995)

6) 행정당국, 지역사회, 민간 이해관계자들이 생물권보전지역의 설계와 기능의 수행에 참여하는 관리 기구 마련

7) 완충구역의인간 관리, 관리 계획, 정책 실행 조직, 연구-모니터링- 교육-훈련 프로그램

생물권보전지역은 전 세계 134개국 738개소가 등재('23년 3월 현재), 우리나라에는 총 9개의 생물권보전지역이 있으며, 북한에도 5개의 생물권보전지역이 존재한다.

- 남한(9개) : 설악산, 제주도, 신안 다도해, 광릉숲, 고창, 순천,
           강원생태평화, 연천임진강, 완도
- 북한(5개) : 백두산, 구월산, 묘향산, 칠보산, 금강산

〈한반도 생물권보전지역 현황〉

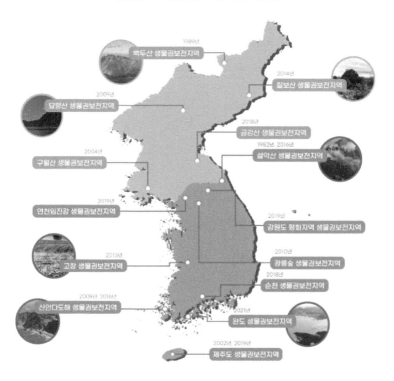

UNESCO 세계자연유산(World Natural Heritage)

1972년에 세계문화및자연유산보호협약 채택하였으며, 3가지 유형
(자연유산, 문화유산, 복합유산)으로 구분하여 지정하고 있다. 전 세계
167개국 1,154건 등재(문화 897, 자연 218, 복합 39)되어 있으며, 우
리나라는 자연유산 2개소(제주 2007, 한국의 갯벌 2021)와 문화유산
13개소가 지정되어 있다.

세계자연유산의 종류는 자연의 특징, 지형·지문학적 생성물, 자연 지역의 특성으로 구분할 수 있다.

구분	종류	정의(Definition)
자연유산	자연의 특징 (Natural features)	• 무기적 또는 생물학적 생성물들로부터 이뤄진 자연의 특징으로서 관상상 또는 과학상 탁월한 보편적 가치가 있는 것.(Outstanding Universal Value)
	지형·지문학적 생성물	• 지질학적 및 지문학(地文學)적 생성물과 이와 함께 위협에 처해 있는 동물 및 생물의 종의 서식지 및 자생지로서 특히 일정구역에서 과학상, 보존상, 미관상 탁월한 보편적 가치가 있는 것
	자연지역	• 과학, 보존, 자연미의 시각에서 볼 때 탁월한 보편적 가치를 주는 정확히 드러난 자연지역이나 자연유적지

세계자연유산의 가치 평가 기준은 4가지(vii~ x)가 제시되어 있다.

- (vii)최상의 자연 현상이나 뛰어난 자연미와 미학적 중요성을 지닌 지역을 포함할 것,
- (viii)생명의 기록이나, 지형 발전상의 지질학적 주요 진행과정, 지형학이나 자연지리학적 측면의 중요 특징을 포함해 지구 역사상 주요단계를 입증하는 대표적 사례,
- (ix)육상, 담수, 해안 및 해양 생태계와 동·식물 군락의 진화 및 발전에 있어 생태학적, 생물학적 주요 진행 과정을 입증하는 대표적 사례일 것,

- (x)과학이나 보존 관점에서 볼 때 보편적 가치가 탁월하고 현재 멸종 위기에 처한 종을 포함한 생물학적 다양성의 현장 보존을 위해 가장 중요하고 의미가 큰 자연 서식지를 포괄

〈제주 세계자연유산(WNH, 2007 지정)〉

람사르 습지 (Ramsar Wetland)

1971년에 "물새 서식지로서 국제적으로 중요한 습지에 관한 협약" 채택을 통해 지정하기 시작하였으며, 전 세계 지정현황(2022) 172개국 2,455개소(2,558,976.78㎢)가 등재되어 있으며, 우리나라는 대암산 용늪 등 24개소(202.14 ㎢)가 등재되어 있다.

〈한반도 람사르습지 현황〉

람사르 습지 지정은 크게 '대표적이며 희귀하거나 특이한 습지 유형', '생물다양성 보전을 위하여 국제적으로 중요한 습지' 2가지 그룹으로 구분하여 지정한다. 특히 생물다양성 측면에서 중요한 습지는 '종 및 생물군집근거 기준', '물새 근거 기준', '어류 근거 기준', '개체군 근거 기준'으로 구분된다.

구분		정의	비고
Group A		**Criteria : 대표적이며 희귀하거나 특이한 습지 유형**	–
	1	고유한 생물지리지역 내에서 자연적 혹은 자연에 가까운 상태를 갖는 대표적이며 희귀하거나 특이한 습지	–
Group B		**Criteria : 생물다양성 보전을 위하여 국제적으로 중요한 습지**	–
	2	취약(vulnerable)하거나 멸종위기(endangered)에 처해 있거나, 혹은 위급(critically endangered)한 종, 또는 위협받는 생물군이 존재하는 습지	종 및 생물군집 근거 기준
	3	특정 생물지리지역에서 생물다양성을 유지하기 위하여 특정 동·식물이 존재하는 습지	
	4	life cycle 단계에서 위기 단계에 있는 동·식물이 있거나, 불리한 조건이 존재하는 동안 피난처를 제공하기 위한 습지	
	5	20,000마리 이상의 물새가 정기적으로 서식하는 습지	물새 근거 기준
	6	특정 물새의 종 또는 아종의 개체군 내 개체 1%가 유지되는 습지	
	7	토착어류아종, 종 또는 어족, life-history 단계, 종간 혹은 개체군간의 상호작용이 습지의 이익 및 가치의 대표성을 나타냄으로써 지구의 생물다양성에 기여하는 습지	어류 근거 기준
	8	어류 먹이의 원천, 산란장, 생육장 또는 회유성 어류의 이동경로가 되는 습지나 다른 서식지	
	9	특정 습지에 서식하는 조류를 제외한 동물종 또는 아종의 개체군 내 개체 1%가 유지되는 습지	개체군 근거 기준

IUCN 녹색목록(Green List) 프로그램

IUCN 녹색목록(Green List)는 효과적이고 공정한 관리 및 운영을 통해 성공적인 보전 성과를 달성하고 있는 모범적 보호 및 보전지역을 확대하는 것을 목적으로 IUCN 보호 · 보전지역 녹색목록 표준이 보전 성과를 강화하고 보호 · 보전지역의 효과적이고 공정한 관리를 증진할 수 있도록 기준을 제시하고 있다. 또한 역량강화를 위한 수단으로서 IUCN 녹색목록프로그램을 활용하고, 효과적이고 공정한 관리 이행에 더 많은 투자와 협력 강화를 목적하고 있다.

〈 IUCN **녹색목록**(Green List) **전문가 회의 (2014, 호주)** 〉

IUCN 녹색목록은 **4대 요소(우수한 거버넌스, 양호한 설계 및 계획, 효과적 관리, 성공적 보전 성과)** 별로 범주화된 **17개 기준(Criteria)**, **48개 일반 지표(Generic Indicators)**로 구성되어 있다. 일반지표 (generic indicators)는 국가 · 지역적 상황에 맞춰 적용지표(Adapted Indicators)를 도출하여 지역별로 유연하게 적용할 수 있도록 권고하고 있다.

우수한 거버넌스	양호한 설계 및 계획	효과적 관리		성공적 보전 성과
· 합리성과 관련자 발언권 보장 · 투명성과 책임 성취 · 적응적 대응을 위한 거버넌스의 활력과 역량 구비	· 주요 가치의 규명 및 이해 · 주요 가치의 장기적 보전 설계 · 주요 가치에 대한 도전과 주요 위협 이해 · 사회경제적 맥락의 이해	· 장기적 관리전략 수립 및 이행 · 생태적인 상태 관리 · 사회경제적 맥락/상황 관리 · 위험관리 · 효과적 공정한 법/규정 집행 · 방문객관리 (출입, 자원이용 등) · 성과 측정	기여	· 주요 자연적 가치 보전 입증 · 관련 주요 생태계서비스 보전 입증 · 주요 문화적 가치 보전 입증

IUCN 녹색목록은 2012년 세계자연보전총회(2012 World Conservation Congress), 보호 및 보전지역에 관한 IUCN 녹색목록 개발을 지지하는 4대 결의안 채택[39]을 시작으로 본격화 되었으며, 시범사업을 통해 IUCN 세계공원총회(World Parks Congress, 2014)에서 공식 인증(총 25개소 등재)을 발표하였다. 우리나라는 지리산국립공원, 설악산국립공원, 오대산국립공원 3개소가 IUCN 녹색목록으로 공식 등재되어 현재에 이르고 있다. (2018년 재인증)

---

[39] 녹색목록화(Green Listing)를 위한 객관적 기준 개발 요구(WCC 2012-Res-041-EN) 녹색목록을해양보호구역(MPA : Marine Protected Areas)의 성과 인증에 활용할 것을 촉구하는 결의안(WCC-2012-Res-076)

〈 CBD COP-14, IUCN GL 재인증 〉

또한, 생물다양성협약 결정문(CBD COP Decision XIII/2)에 따라 보호지역 관리효과성 증진을 위한 자발적 기준(voluntary standard)

으로 장려되고 있으며, 우리나라는 '제3차 자연환경보전 기본계획 (2016~2025)'에서 보호지역 관리강화를 위한 주요 성과목표로 보호지역 관리효과성평가 확대와 IUCN녹색목록등재 목표 설정(2020년 21개소, 2025년 30개소)하여 이를 추진하고 있습니다.

IUCN 녹색목록(Green List) 글로벌 표준

가. 우수한 거버넌스

■ 공정하고 효과적인 거버넌스 입증

기 준(Criterion)	설 명
기준 1.1 합리성과 관련자 발언권 보장 (Guarantee legitimacy and voice)	보호지역 수립 또는 지정 관련자를 포함하여, 시민사회, 권리보유자 및 이해관계자의 이익을 공평하게 대변하고 이를 반영하며, 분명히 정의하고 정당하며, 공정하고 기능적인 거버넌스 체제 구축
기준 1.2 투명성과 책임 성취 (Achieve transparency and accountability)	거버넌스 체제와 정책결정 절차는 투명하고 적절한 소통에 기반하며, 관련자들의 불만, 분쟁(또는 고충)을 규명, 청취, 해결하기 위해 신속 참여를 보장하는 절차 마련 등 집행의 책임소재를 분명히 함
기준 1.3 적응적 대응을 위한 거버넌스의 활력과 역량 구비(Enable governance vitality and capacity to respond adaptively)	녹색목록 지역의 사회적/생태적 상황에 대한 최적의 지식을 바탕으로, 정책 결정의 변화를 예측, 이로부터 교훈을 얻으며, 그 변화에 대응하는 적응적 관리 프레임워크를 활용하여, 계획 수립 관리

- 거버넌스의 질에 관한 내용으로, 일반적으로 거버넌스는 아래와 같은 내용을 규정
  - 보호지역의 관리 목표를 누가 결정하는지, 목표를 어떻게 추구 하는지, 어떠한 수단을 이용하는지
  - 이러한 결정을 어떻게 내리는지
  - 누가 힘과 권위와 책임을 가지고 있는지
  - 누가 책임을 져야 하는지에 관한 내용
- 거버넌스는 개별지역의 상황에 따라 크게 다를 수 있으나, IUCN 에서는 다음과 같이 4가지 형태로 구분하고 있음
  - 정부 주도 거버넌스(governance by government)
  - 공유(공동) 거버넌스(shared governance)
  - 사유(민간) 거버넌스(private governance)
  - 원주민 · 지역사회 주도 거버넌스(governance by Indigenous Peoples and local communities)
- IUCN은 우수 거버넌스를 위한 5대원칙 제시, 이러한 원칙의 현 지 상황에 따른 적용 권고
  - 합리성과 관계자 목소리(Legitimacy and Voice)
  - 방향(Direction)
  - 성과(Performance)
  - 책임성(Accountability)
  - 공평성(Fairness)과 권리(Rights)

나. 양호한(견고한) 설계와 계획(Sound Design and Planning)
- 양호한 설계와 계획

기 준(Criterion)	설 명
기준 2.1 주요 가치를 규명하고 이해(Identify and understand major site values)	녹색목록지역의 자연 보전 가치 및 이에 수반되는 생태계서비스와 문화적 가치를 분명히 규명하고 이해
기준 2.2 주요 가치의 장기적 보전 설계 (Design for long-term conservation of major site values)	녹색목록지역의 육상(해상) 경관적 관점에 비추어, 그 주요 가치를 장기적으로 유지할 수 있도록 설계
기준 2.3 주요 가치에 대한 위협과 과제를 이해 (Understand threats and challenges to major site values)	녹색목록지역의 주요 가치에 대한 위협 및 도전과제를 충분히 이해하고, 이를 해결하기 위한 효과적인 계획과 관리를 진행
기준 2.4 사회 · 경제적 상황 이해 (Understand the social and economic context)	녹색목록지역의 관리 방식이 미치는 사회 · 경제적 영향을 포함하여, 해당 지역의 사회적 경제적 상황을 분명히 이해하고, 이를 관리 목적 및 목표에 반영

- 자연 · 문화 · 사회 · 경제적 가치 및 현황에 대한 충분한 이해를 바탕으로 분명하고 장기적인 보전 목적 및 목표를 갖춤
  - IUCN 보호지역 관리 범주(category)의 목적과 일치
- 보호 · 보전지역의 가치에 대한 충분하고 적절한 정보를 확보하고, 해당지역의 사회 · 경제적 상황을 고려하여 보전목적과 일치하는 계획 작성
- 이해관계자 및 전문가와의 협력을 통해 위협을 규명, 정확한 이해에 기반한 대응

- 주요 위협의 범주 분류(IUCN-CMP; Conservation Measure Partnership)
  - 1. 신청지역 내에 주거지 및 상업용지 개발
  - 2. 신청지역 내에 농업과 양식
  - 3. 신청지역 내에 에너지 생산 및 광업
  - 4. 신청지역 내에 교통 및 서비스 통로(corridors)
  - 5. 신청지역 내에 생물학적 자원 이용 및 피해
  - 6. 신청지역 내에 인간의 침입과 교란
  - 7. 자연 시스템 변형(Natural System Modification)
  - 8. 침입종 및 기타 문제가 되는 종·유전자
  - 9. 신청지역 내에 오염물질 침투 또는 발생
  - 10. 지질학적 사건 (지진 등)
  - 11. 기후 변화 및 극심한 날씨
  - 12. 특정 문화적·사회적 위협
  - 13. 기타

다. 효과적 관리(Effective Management)

- IUCN의 보호지역 관리효과성평가에 대한 지침에 따르면, 효과적 관리는 세가지 구성요소로 구분
- 설계(design), 관리체계와 과정(Management system and processes), 성과(outcomes)
- 효과적 관리에서는 위의 세가지 구성요소 중 관리체계와 과정을 주로 다루고 있음
- 효과적인 관리 입증

기 준(Criterion)	설 명
기준 3.1 장기 관리전략 수립·이행 (Develop and implement a long-term management strategy)	일반적 목적과 관리 목표를 분명하게 설명하는 장기 전략을 갖춤(주요 가치 보전 및 사회·경제적 목표 및 목적 달성 포함) 장기 전략은 최신 관리 계획 또는 그와 동일한 기능을 하는 문서에 반영 (해당지역의 목표와 목적을 달성하는 데 적절하면서도 충분하고 명확한 관리방향 및 그에 따른 여러 계획, 정책과 절차에서 구체화한 전략 및 활동) 해당지역을 효과적으로 관리하기 위한 충분한 역량에 따른 전략(충분한 재정적/인적 자원, 인력의 충분한 역량, 역량개발 및 교육, 장비 및 충분한 인프라에 대한 접근성 등의 내용을 포함)
기준 3.2 생태적인 상태 관리 (Manage ecological condition)	주요 자연 가치와 그에 따른 생태계 서비스 및 문화적 가치를 유지하기 위하여 생태적 속성과 프로세스가 잘 관리되고 있음을 분명히 밝힐 수 있어야 함
기준 3.3 사회·경제적 맥락 하에서 관리(Manage within the social and economic context of the site)	사회·경제적 상황 및 권리보유자·이해관계자의 이익을 충분히 고려하고 있으며, 이들의 적절한 참여를 보장하고 있음을 입증 주요 자연 가치 및 이에 따른 생태계서비스· 문화적 가치를 유지하는데 도움이 되는 방식으로, 그 사회경제적 편익을 인정·증진·유지
기준 3.4 위협 관리 (Manage threats)	위협요인들이 해당지역의 주요 가치를 훼손하지 않도록 하거나, 그 목적 및 목표 달성에 방해가 되지 않도록 적극적이고 효과적으로 대응
기준 3.5 효과적이고 공정한 법·규정 집행 (Effectively and fairly enforce laws and regulations)	보호지역 관리와 운영의 모든 측면에서 관련법규 및 제한 조항 등을 공정하고 효과적으로 집행

기준 3.6 방문객 관리(출입, 자원이용 등) (Manage access, resource use and visitation)	녹색목록지역 내 활동은 보전 목적 및 목표에 부합되고, 목표 달성에 도움이 되도록 적절하게 규제 관광과 방문객의 경우, 허가를 획득하여, 해당지역의 보전 목적과 목표에 부합하고, 그 달성에 도움이 되는 방향으로 관리
기준 3.7 성과 측정 (Measure success)	녹색목록지역의 주요 가치를 보전하는 기준치(threshold) 설정을 통한 모니터링, 평가, 학습(learning)은 성과를 측정하는 객관적 기반을 제공. 모니터링과 평가 프로그램은 다음과 같은 DB · 정보 제공 가능 : – 각 지역의 주요 가치를 성공적으로 보호하고 있는지 여부. – 위협의 범위, 강도, 위치 – 관리 목적 및 목표의 달성 여부 해당지역이 보호 · 보전지역이 아닌 경우와 비교하여 특정기간 동안 주요 가치에 대한 변화에 따라 적절한 기준치(thresholds)를 정할 수 있음

라. 성공적인 보전 성과

- 주요 자연 가치 및 그에 따른 생태계서비스 · 문화적 가치의 장기적 보전 목적 성취, 이를 통해 사회 · 경제적 목적 성취에 적절한 기여 입증
- 성과의 측정과 평가는 해당지역 가치의 보전을 입증하는 수단
  - 투명하고, 문서화하고, 주기적으로 반복될 필요가 있음(기준 3.7에서 정한 기준치에 기반을 두어 평가)
  - 해당지역 모니터링 프로그램의 일부로 운영하고, 관련 내용의 공유 권고

■ 성공적인 보전 성과 입증

기 준(Criterion)	설 명
기준 4.1 주요 자연적 가치 보전을 입증 (Demonstrate conservation of major natural values)	주요 자연 가치 보전을 위해 위에서 언급한 성과 측정 기준치를 충족 또는 상회
기준 4.2 관련된 주요 생태계서비스 보전을 입증 (Demonstrate conservation of major associated ecosystem services)	관련된 주요 생태계서비스 보전을 위해 위에서 언급한 성과 측정치를 충족
기준 4.3 주요 문화적 가치 보전을 입증 (Demonstrate conservation of major cultural values)	관련된 주요 문화적 가치 유지와 그 제공을 위해, 위에서 언급한 성과 측정치를 충족

생물다양성협약(CBD)와 보호지역

생물다양성협약은 1987년 유엔환경계획(UNEP) 집행이사회 ('87.6.)에서 협약 제정을 위한 특별실무위원회 개최를 결정하면서 공식적 논의가 시작되어 특별실무위원회 3회('88.11.~'90.7.), 협약안 마련을 위한 정부간협상회의 7회('90.11.~'92.5.)를 거쳐 준비되었으며 제7차 정부간협상회의('92.5.22., 케냐 나이로비)에서 공식적으로 채택되었다. 이후 UNEP 회의('92.6.13.)에서 158개국이 서명하고 1993년 12월 29에 협약이 발효되었으며 현재 196개 당사국[40]이 가입되어있다. 협약의 목적은 ①생물다양성(유전자, 종, 생태계)의 보전, ②생물다양성 구성요소의 지속가능한 이용, ③생물유전자원의 이용으로부터 발생되는 이익의 공평한 공유이다.

생물다양성협약 전문의 구성은 서문과 42개 조항, 부속서 2개(확인 및 감시, 중재 및 조정), 의정서 2개(생명공학 안정성에 관한 카르타헤나 의정서, 유전자원의 접근 및 이익 공유에 관한 나고야 의정서)로 구성되어 있다. 제1조에서 제5조까지 협약의 목적, 정의, 원칙, 관할범위와 협력 내용을 담고 있으며, 제6조~제14조까지 생물다양성의 보전과 이용, 모니터링, 환경영향평가, 현지 내 보전(제8조) 등의 내용을 담고 있다.

---

40 우리나라는 1994년 10월 3일 가입

제15조~제21조까지 생물다양성보전 기술에의 접근, 기술이전, 생명공학기술의 취급과 이익의 배분, 재정지원 및 기구 등의 내용이 담겨 있으며, 제22조~제42조에서 국제규약의 일반적 관례, 사무국의 설치, 과학기술자문보조기구(SBSTTA: Subsidiary Body on Scientific, Technical and Technological Advice)의 설치, 의정서 등을 기술하고 있다.

보호지역과 직접 관련된 조항은 제8조(현지 내 보전)로 13개 항목 중 5개 항목이 보호지역 관련 내용으로 생물다양성 보전을 위해 보호지역 시스템 구축(a항), 보호지역 지정·관리에 대한 개발(b항), 보호지역의 보전 및 지속가능 이용을 위해 생물자원의 규제/관리의 중요성(c항), 자연 서식지에서 생존가능 개체군의 유지와 생태계 보호 촉진(d항), 보호지역 보호 강화를 위해 인접지역에서 환경적으로 건전하고 지속 가능한 개발 장려(e항) 등이다. 참고로 협약 2조에서 보호지역을 "특별한 보전 목적 성취를 위해 지정되거나 규제·관리되는 지리적으로 한정된 지역[41]"으로 정의하고 있다.

또한, 생물다양성협약[42]에서는 주요 프로그램을 주제별 이슈와 교차·전략이슈로 구분하여 소개하고 있는데 주제별 이슈로는 총 7개로 농업생물다양성, 산림생물다양성, 육수생물다양성, 도서생물다양성,

---

41 a geographically defined area which is designated or regulated and managed to achieve specific conservation objective

42 생물다양성협약 홈페이지 https ://www.cbd.int/

해양 · 연안생물다양성 등으로 주로 생태계 유형별로 구분하고 있으며, 교차 · 전략이슈는 총 27개로 Aichi생물다양성목표, 유전자원 접근 · 이 익공유, 생물 · 문화다양성, 건강과 생물다양성, 영향 평가, 기술이전, 전통지식, 생태계접근법, 관광과 생물다양성, 평화와 생물다양성 등과 함께 전략이슈로 보호지역을 소개하고 있다.

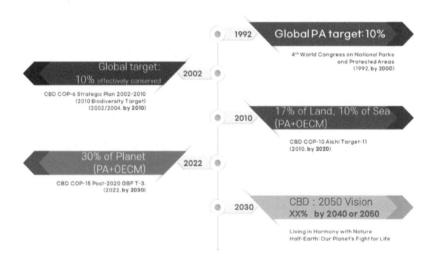

Figure 1. History of Global Conservation Targets(revision based on Heo(2022))

보호지역 관련 협약 결정문(*Decision*)

당사국총회(COP : Conference of Parties)는 생물다양성협약의 최고 의사결정기구이자 협약 이행을 구체화하기 위한 사업계획(방향) 결정,

재정 계획 수립, 결정문 채택 및 이행사항 검토 등을 수행하는 역할을 한다. 1994년 바하마 낫소에서 개최된 1차 당사국총회를 시작으로 그간 15차례 개최되었으며, 우리나라는 제12차 당사국총회를 강원도 평창에서 개최한 바 있다. 매 당사국총회에서 적게는 13개(COP 1) 많게는 47개(COP 10)의 결정문이 채택되어, 이 중 상당수의 결정문에서 보호지역과 관련된 내용을 담고 있다〈Table 1〉.

Table 1. CBD Decisions for Protected Areas

CBD	Date	Host City	Protected Area Decisions
COP 2	6-17 Nov. 1995	Jakarta	Decision II/7 Consideration of Articles 6 and 8 of the Convention Decision II/8 Preliminary consideration of components of biological diversity particularly under threat and action which could be taken under the Convention
COP 3	4-15 Nov. 1996	Buenos Aires	Decision III/9 Implementation of Articles 6 and 8 of the Convention
COP 4	4-15 May 1998	Bratislava	Decision IV/16 Institutional matters and the programme of work
COP 6	7-19 April 2002	Hague	Decision VI/30 Preparations for the seventh meeting of the Conference of the Parties
COP 7	9-20 Feb. 2004	Kuala Lumpur	Decision VII/28 Protected Areas (Articles 8 (A) to (E)) (PoWPA : Program of Work on Protected Areas)
COP 8	20-31 Mar. 2006	Curitiba	Decision VIII/24 Protected areas
COP 9	19-30 May 2008	Bonn	Decision IX/18 Protected areas

			Decision X/2 The Strategic Plan for Biodiversity 2011-2020 and the Aichi Biodiversity Target
COP 10	18-29 Oct. 2010	Nagoya	Decision X/31 Protected areas
COP 11	8-19 Oct. 2012	Hyderabad	Decision XI/24 Protected areas
COP 12	6-17 Oct. 2014	Pyeongchang	Decision XII/19 Ecosystem conservation and restoration
COP 13	4-17 Dec. 2016	Cancun	Decision XIII/2 Progress towards the achievement of Aichi Biodiversity Targets 11 and 12
COP 14	17-29 Nov. 2018	Sharm El-Sheikh	Decision XIV/8 Protected areas and other effective area-based conservation measures

특히 보호지역실행프로그램(PoWPA : Program of Work on Protected Areas)이 채택되었던 제7차 당사국총회 이후에는 모든 당사국 총회에서 보호지역 관련 내용을 담은 결정문이 지속적으로 채택된 것을 알 수 있다.

보호지역에 관련 내용이 협약 결정문에 등장한 것은 제2차 당사국 총회 결정문 II/7에서 협약 조항 6(Article 6 보전과 지속가능한 이용) 과 조항 8(Article 8 현지내 보전) 관련 정보와 경험을 공유할 수 있는 방법 제안을 당사국들에게 요청하고 지역적 · 국제적 협력의 중요성을 강조하고 있다. 결정문 II/8 에서는 협약 이행의 기본 틀로서 생태계접 근법, 적절한 재원확보, 역량강화 등을 강조하고 있다. 제3차 당사국총 회 결정문 III/9는 당사국의 생물다양성 3대 목표 성취를 위한 국가계 획 · 전략 수립 및 입법조치 촉구, 국경간(cross-border) 협력 필요성,

개발도상국을 위한 재정메커니즘(interim financial mechanism), 관련 정보(위협 평가 · 저감 수단, 부정적 인센티브, 외래종, 보호지역)의 취합 · 공유를 권고하고 있다. 제4차 당사국총회(Decision IV/16)에서 5차에서 7차까지 다뤄질 주요 실행프로그램(program of work) 우선순위를 결정하였는데, 제7차 당사국총회 주요이슈 3개[43] 중 하나로 보호지역을 선정하였다. 또한 제6차 당사국총회 결정문(Decision Ⅵ/30)에서 협약 사무국에 제7차 당사국총회의 보호지역 이슈 준비를 위해 제5차 세계공원총회(World Congress on Protected Areas[44])와 협력을 권고하고 있으며 이러한 준비과정을 통해 제7차 당사국총회에서 PoWPA를 채택하게 되었다.

제7차 당사국총회에서 채택(Decision Ⅶ/28)한 PoWPA는 보호지역이 지향해야할 이상적인 청사진을 제공하고 있는데, 이는 생물다양성 보전에 있어 보호지역의 중요성 인식하고 생물다양성 손실률의 획기적 감소와 보호지역의 역할 강화 등을 강조하고 있다. PoWPA는 "2010년까지 육지, 2012년까지 해양지역을 대상으로, 광범위하고 효과적으로 관리되며 생태적 대표성을 갖는 국가 · 지역 보호지역 시스템을 지정 · 유지하도록

---

43 산림생태계(Mountain ecosystems), 보호지역(Protected areas), 기술 이전 · 협력 (Transfer of technology and technology cooperation)

44 The Vth World Congress on Protected Areas(2003) : 더반 협정, 보호지역의 생물다양성 보전/빈곤 저감/경제발전 지원/평화 촉진 등에 관한 중요한 역할 인정 및 관심 증대, PoWPA의 실질적 토대 마련

지원하는 것으로 생물다양성 손실률의 획기적 감소에 기여"하는 것을 목적으로 하고 있으며, 4개 프로그램 요소, 9개 주제, 16개 목적, 92개 활동(activity)으로 구성되어 있다〈Table 2〉. PoWPA에서 제시하고 있는 92개의 활동은 개별적으로 이행을 위한 목표 연도를 설정하여 이행을 장려하고 있으며, 생물다양성 보전을 위한 보호지역의 역할과 어떻게 지정·관리할 것인가에 대한 거의 모든 사항을 담고 있다(Heo & Park, 2007). 또한 생물다양성협약에서는 PoWPA 수행사항을 당사국의 국가보고서에 포함시켜 이행보고서를 작성하도록 권고하고 있다.

Table 2. Nine main themes of the CBD PoWPA(SCBD, 2005)

Programme element 1 : Direct actions for planning, selecting, establishing, strengthening, and managing, protected area systems and sites

① Building protected area networks and the ecosystem approach

② Site-based protected area planning and management

③ Addressing threats to protected areas

Programme element 2 : Governance, participation, equity and benefit sharing

④ Improving the social benefits of protected areas

Programme element 3 : Enabling activities

⑤ Creating an enabling policy environment

⑥ Capacity building

⑦ Ensuring financial sustainability

Programme element 4 : Standards, assessment, and monitoring

⑧ Management standards and effective management

⑨ Using science

제8차 당사국총회 결정문(Decision Ⅷ/24) 에서는 주로 PoWPA 이행상황 점검을 위한 내용들로 "제3차 국가보고서"에 PoWPA 이행 상황 검토를 위한 9개 질문을 추가하였으며, 2004~2006 이행사항 검토보고서(SCBD, 2006)에 따르면 이행 장애물과 도전을 밝히는 것이 중요함을 강조하고 있다. 제9차 당사국총회 결정문(Decision Ⅸ/18) 도 PoWPA 이행 점검과 관련 하여 "제4차 국가보고서"에서는 별도의 POWPA이행 보고서 제출 요구하고 있으며, 이행상황 점검 및 재정 확보 방향을 중점 검토하도록 권고하고 있다.

제10차 당사국총회에서는 "생물다양성 2011-2020 전략계획(Aichi Target)", "나고야의정서", "자원동원전략 "등 47개 결정문이 채택되었는데, 보호지역 관련하여 PoWPA 이행 검토 및 새로운 목표가 함께 설정되었다. "생물다양성 2011-2020 전략계획(Aichi Target)"에 보호지역 관련 목표로 Aichi target-11[45]이 채택되었으며, 이는 "2020년까지 적어도 17%의 육상 · 육수지역과 10%의 연안 · 해양지역, 특히 생물다양성 및 생태계 서비스에 중요한 지역을 효과적이고 공정하게 관리되며 생태적 대표성을 지니며 연결성이 확보된 보호지역 및 기타 효과적인 지역기반 관리수단(OECMs)을 통해 보전하고, 보다 넓은 광역적 경

---

45 By 2020, at least 17 per cent of terrestrial and inland water, and 10 per cent of coastal and marine areas, especially areas of particular importance for biodiversity and ecosystem services, are conserved through effectively and equitably managed, ecologically representative and well connected systems of protected areas and other effective area–based conservation measures, and integrated into the wider landscape and seascapes

관 및 해양 경관에 통합 관리한다"이다. 이와는 별도로 보호지역 결정문(Decision X/31)에서는 PoWPA 이행 강화 전략(국가 차원, 지역차원, 지구차원)[46] 제시와 더불어 관심이 필요한 10가지 주요 이슈로 ①지속가능한 재정, ②기후 변화, ③관리 효과성, ④침입외래종 관리, ⑤해양 보호지역, ⑥내수 보호지역, ⑦생태계 및 서식처 복원, ⑧보호지역(ES 등)의 가치/비용 평가, ⑨거버넌스와 참여, ⑩실행프로그램 이행 보고를 제시하였다.

① 지속가능한 재정 : 당사국에 2012년까지 지속 가능한 재정계획 마련·이행, 지구환경기금(GEF), 양자간·다자간 원조를 실행프로그램 이행에 활용할 것을 권고, 특히 개발도상국에는 보호지역 시스템 전반에 필요한 기금 내역을 LifeWeb 및 관련 기금 운용기관에 공시할 것을 권고.

② 기후 변화 : 당사국에 2015년까지 보호지역의 광역적 접근에 관

---

46 · 국가 차원 권고사항 : 국가별 특성 반영 및 참여 과정을 통해 POWPA 장기이행계획 수립 또는 기존 계획을 적합하게 개정하고 이를 국가 생물다양성전략 및 이행계획에 반영하여 제11차 당사국총회(2012년)에서 보고하도록 권고, 보호지역을 더 넓은 육상·해양 경관과 통합하는 생태계 접근법의 적용 촉진 권고, 국가 및 경제개발 계획에 보호지역이 통합될 수 있도록 분야간 조정과 소통강화를 위한 "다분야간 자문 위원회" 설립 촉진과 보호지역 가치와 중요성에 대한 인식증진 활동 권고.
   · 지역차원의 권고사항 : 지역적 이니셔티브 형성(특히 해양) 및 이행계획 수립 도모, 접경지역의 협력환경 창출 등
   · 전 지구 차원의 권고사항 : 주로 생물다양성협약의 사무국에 요구하는 활동들로서 지역 역량강화 활동, 기술 지원, 인식 증진, 여타 협약과의 소통 및 조율 활동 강화를 위한 예산 배정, IUCN WCPA와 같은 전문기관에 기술적 지침 개발 요청.

한 목적 달성, 과학적 지식 및 생태계 접근과 전통지식 이용 강화, 기후변화 저감·적응에의 혜택 및 가치에 대한 평가와 논의, 생물다양성 보전과 기후변화 저감·적응을 위해 중요한 지역을 밝히고, 기후변화 저감·적응 전략 하에서 보호지역 실행프로그램 이행에 기여할 수 있는 기금활용 기회 모색 등 권유

③ 관리 효과성 : 보호지역 관리효과성평가를 2015년까지 국가 보호지역의 60%까지 수행, 그 결과를 보고하고 UNEP-WCMC를 통해 정보를 관리하도록 권유, 평가과정에 거버넌스, 보호지역 혜택 및 사회적 영향, 기후변화 저감 및 적응에 대한 정보가 포함되도록 하고 있음.

④ 외래종 관리 : 침입외래종이 생물다양성 훼손의 핵심 요인임에 주목하고, 이를 관리 하는 것이 보호지역 복원·유지, 생태계서비스를 위한 비용 효과적 도구가 될 수 있음을 당사국에 권유

⑤ 해양 보호지역 : 지역적 협력을 통해 생태적·생물학적으로 중요한 지역을 밝히고 보호, 특히 공해의 보호지역 지정이 미흡함을 인지하고 2012 목표 성취를 위한 노력의 필요성 강조, 영해상 또는 국제 관할지역의 해양보호지역에 대한 적합한 장기적 관리를 위해 다양한 수단을 마련·강화하고 양호한 거버넌스 원칙을 구체화할 것을 당사국에 권고

⑥ 육수(inland water) 보호지역 : 육수 보호지역의 면적/질/대표성/연결성, 육수 생태계의 수리적 특성을 증진하도록 당사국에 권고

⑦ 생태계 및 서식처 복원 : 연결성 증진을 포함한 생태계·서식처 복원노력 증대를 통한 보호지역 시스템의 효과성 증진과 복원활동을 실행프로그램의 이행계획 및 국가 생물다양성 전략에 포함하도록 당사국에 촉구

⑧ 생태계서비스를 포함한 보호지역의 가치 및 비용 평가 : 사무국은 보호지역의 비용과 편익, 가치 등을 측정하기 위한 다양한 방법과 지침을 평가하여 당사국에 제공, 당사국에는 생물다양성 가치에 대한 이해 촉진과 보호지역에 대한 공감대 형성 및 지지 강화 활동을 권유

⑨ 거버넌스와 참여 : 지역사회/원주민의 전적 참여와 비용 및 편익 공유를 위한 명확한 메커니즘 마련, 생물다양성 보전에 있어 원주민/지역사회의 역할, 협력 관리, 거버넌스 유형의 다양화 인정, 원주민과 공동체보전지역을 인정하고 지원을 위한 적절한 메커니즘을 개발, 보호지역 거버넌스 평가, 역량강화 활동 수행 등을 당사국에 권유

⑩ 보고 : 사무국에 실행프로그램 이행 보고를 위한 전반적 매뉴얼 마련, WDPA와 온라인 보고 기법과의 연계 등의 준비를 위한 재정 지원을 요청하고, 당사국에는 WDPA(UN-list 포함)에 보호지역에 대한 정보 갱신 및 공유를 권고하였으며, 또한 (a)국가별 보고의 일환으로 보호지역 내 생물다양성 현황뿐만 아니라, 실행프로그램 이행활동 및 결과에 대한 효과적 보고 과정, (b)결정문의 부록에 있는 국가별 이행 보고 틀의 채택, (c)자발적인 심층 보고, (d)이해당사자 참여와 검토를 위한 투명하고 효과적인 메커니즘 확립 등을 당사국에 권유

제11차 당사국총회에서 채택된 총 33개 결정문 중 하나인 보호지역 결정문(Decision XI/24)에는 PoWPA 관련 내용과 Aichi target-11 관련 내용 모두를 담고 있다. PoWPA 관련하여 국가 생물다양성 전략

및 이행계획(NBSAP)에 PoWPA 내용을 반영하고, CBD 제5차, 제6차 국가보고서에 이의 이행사항을 보고하도록 권고하고 있으며, Aichi target-11과 관련한 보호지역 확대 노력 특히 해양보호지역에 관심 강화를 권고하고 있다. 기타 사항으로 보호지역 관련 기관간·분야간 협력 증진, 생물다양성 자원의 보전 및 지속가능 이용을 위해 지역사회에 기반한 접근 강화 등을 제시하고 있다. 우리나라 평창에서 개최된 제12차 당사국총회에서는 보호지역을 제목으로한 결정문은 없었으나, 관련 내용을 포함하고 있는 생태계보전 및 복원 관련 결정문(Decision XII/19)이 채택되었다. 이 결정문에서는 사유 보호지역과 원주민·지역사회기반 보전지역의 생물다양성 보전에의 기여를 인지하고, 시민사회의 지속가능한 생태계 관리 및 생물다양성 보전활동을 장려하고 있다. 또한 생태계 훼손 및 복원 모니터링 강화, 원주민·지역사회 기반 보전지역에서의 보전 노력에 대한 지원 및 인센티브 제공을 권고하고 있다. 특히 보호지역에 대한 인식증진의 일환으로 우리나라에서 발의하여 "세계 국립공원 및 보호지역의 날"을 UN 기념일로 지정하자는 내용이 결정문에 반영되었다. 제13차 당사국총회에서는 보호지역 관련 이슈가 Aichi target-11에 초점을 맞춰 결정문(Decision XIII/2)이 채택되었는데, 당사국에 NBSAP에 반영된 Aichi target 11, 12 관련 활동의 이행을 촉구하고, 보호지역 관리효과성 및 생물다양성 보호성과에 대한 체계적인 평가 수행 등을 권고하고 있다. 이어 제14차 당사국총회에서 "보호지역과 기타 효과적인 지역기반 보전수단(OECMs : other effective area-based conservation measures)"에 대한 결정문(Decision XIV/8)을 채택하였다. 결정문에서는 먼저 2010년에 Aichi target-11 에서 등장한 OECMs 개념 정의[47]와 함께 2개의 자발적 지침서[48]를 제시하고 각 당사국이 국가·국제적 맥락에 맞춰 적용할 것을 권고하고 있으며 해양·연안 부분의 Aichi target-11 성취를 위한 모든 노력들에 관심을 권고하고 있다. 이와 더불어 "보호지역 및 OECMs"이 다른 분야(특히 농업, 어업, 임업, 광업, 에너지, 관광, 교통 등)에 주류화 (mainstreaming) 할 수 있도록 당사국에 촉구하였다.

보호지역 관련 글로벌 보전목표 성취 정도

제10차 당사국총회에서 채택된 보호지역 관련 목표 Aichi target-11 에는 면적 확대, 생물다양성 및 생태계서비스 측면에서 중요한 지역의

---

47 보호지역은 아니지만 생물다양성, 연관된 생태계 기능과 서비스, 경우에 따라 문화적/영적/사회·경제적/기타 지역적으로 연관된 가치의 긍정적이고 지속가능한 현지 내 보전 성과를 성취하는 방향으로 운영·관리되는 지리적으로 규정된 지역(a geographically defined area other than a Protected Area, which is governed and managed in ways that achieve positive and sustained long-term outcomes for the in situ conservation of biodiversity, with associated ecosystem functions and services and where applicable, cultural, spiritual, socio-economic, and other locally relevant values)

48 ①보호지역과 OECM의 광역 경관으로의 통합과 주류화, ②보호지역과 OECM의 효과적이고 공정한 거버넌스

보호, 생태적 대표성, 효과적이고 공정한 관리, 연결성, 광역적 관리 등 다양한 질적 목표가 포함되어 있다.

최근 보고서[49]를 토대로 이들 목표에 대한 글로벌 성취 정도를 살펴보면 보호지역 면적의 경우 육상·육수 생태계의 17% 목표에 거의 근접한 15%, 연안·해양생태계의 10% 목표는 7.4%가 보호지역으로 지정되어 있는 것으로 나타났다[50]. 특히 해양의 경우는 관할해역(EEZ 기준)으로는 17.3%가 보호지역으로 지정되어 있지만, 국가 관할해역을 벗어난 공해(ABNJ; Areas Beyond National Jurisdiction)지역이 1.2%만 보호지역으로 지정되어 있어 전체적으로는 지구 해양의 7.4%가 보호되고 있는 것으로 나타났다. 우리나라의 보호지역은 2020년 현[51] 17개 법률에 의한 33개 유형 총3,437개소(39,565.7㎢)가 보고되어 있다. 이를 중복면적으로 제외하고 계산하면 육상은 국토면적의 16.63%(16,680.8㎢), 해양은 관할해역(EEZ기준)의 2.12%(7,948㎢)가 지정되어 있으며, 가장 넓은 면적을 차지하는 보호지역으로 국립공

49 UNEP–WCMC, IUCN and NGS (2020). Protected Planet Live Report 2020. UNEP–WCMC, IUCN and NGS : Cambridge UK; Gland, Switzerland; and Washington, D.C., USA

50 세계보호지역데이터베이스(WDPA)에 258,389개소의 보호지역 등재, 면적으로는 20,270,904㎢ of the earth's land surface(15%), 26,984,530㎢ of the world's oceans(7.4%)

51 KOREA Database on Portected Areas (www.kdpa.kr)

원은 육상 3,972.6㎢(국토면적 3.96%), 해양 2,753.71㎢(관할해역의 0.73%)인 것으로 나타났다. 글로벌 목표 성취 정도와 비교해보면 육상의 경우 글로벌 성취 정도를 상회하여 거의 Aichi target-11의 확대 목표 성취에 근접하여 있으나, 해양의 경우 글로벌 목표 성취와 상당한 격차를 보이고 있는 것을 알 수 있다.

"생물다양성 및 생태계서비스 측면에서 중요한 지역의 보호"와 관련하여 글로벌 차원에서[52] 핵심생물다양성지역(KBAs; Key Biodiversity Areas)[53]의 보호지역을 통한 보호 정도를 점검하고 있다. KBAs 중 전체가 보호지역으로 보호되는 비율은 19.2%정도이며 일부라도 보호지역으로 지정되어 있는 지역이 41.5% 정도인 것으로 나타났다[54]. 이는 국제적으로 중요한 KBAs 중 39.3% 지역이 보호지역으로 지정되어 보호받지 못하고 있는 것을 의미하는 것으로 KBAs의 보호지역 지정 노력이 시급하다고 할 수 있다. BirdLife International et al.(2019)에 따르면 우리나라의 경우 KBAs 중 중요조류서식지(IBAs) 40개소가 위치하고 있는데, 이 중 22개 지역이 전체 또는 부분적으로 보호지역으로 지정·

---

52 UNEP-WCMC, IUCN and NGS (2020). Protected Planet Live Report 2020. UNEP-WCMC, IUCN and NGS : Cambridge UK; Gland, Switzerland; and Washington, D.C., USA

53 KBAs : 중요 조류 및 생물다양성지역(Important bird and biodiversity areas; IBAs), 멸종제로제휴지역(Alliance for Zero Extinction sites; AZEs)

54 KBAs 중 보호지역으로 보호되는 비율(평균) : 육상 44%, 육수 41%, 해양 46%

관리되고 있는 것으로 평가하였다. 이는 우리나라의 IBAs 중 18개소가 법정 보호지역으로 관리되고 있지 않은 것을 의미하기 때문에, 이들 지역에 대한 보호지역 지정 등 적합한 보전 조치에 대한 면밀한 검토가 필요하다고 할 수 있다.

"생태적인 대표성(Ecologically Representative)"에 대한 글로벌 성취 평가는[55] 육상의 경우 821개 생태지역(terrestrial ecoregions) 중 362개 생태지역이 17% 이상 보호지역으로 보호되고 있어 44%의 육상 생태지역이 생태적 대표성을 어느 정도 담보하고 있는 것으로 나타났다. 하지만 보호지역으로 지정·관리되고 있는 비율이 1%이하인 생태지역이 5.6% 정도 존재하는 것으로 나타났다. 해양의 경우 232개 근해해양생태지역(nearshore marine ecoregions) 중 117개 생태지역이 10%이상 보호되고 있어 50.4%의 근해 생태지역이 보호되고 있으며, 보호지역 비율이 1%이하인 생태지역이 17.2% 인 것으로 나타났다. 향후 보호지역 비율이 1% 이하인 생태지역 등 보호 조치가 미흡한 생태지역에 대한 보호지역 지정 노력에 더 많은 관심이 필요할 것으로 판단된다. 글로벌 육상 생태지역(WWF, 2004) 821개 중 우리나라에는 3개 유형의 생태지역이 분포하며 앞서 언급한 KDPA 자료와 중첩해보면 다소 오차

---

55 UNEP-WCMC, IUCN and NGS (2020). Protected Planet Live Report 2020. UNEP-WCMC, IUCN and NGS : Cambridge UK; Gland, Switzerland; and Washington, D.C., USA

가 있을 수 있겠으나, 만주혼합림(Manchurian mixed forests)의 34.8%, 중부낙엽수림(Central Korean deciduous forests)의 14.85%, 남한상록수림(Southern Korea evergreen forests)의 15.92%가 보호지역으로 지정되어 있는 것으로 분석되었다. 특히 만주혼합림의 경우 백두대간을 따라 분포하고 있어 보호 비율이 높게 나타나는 특성을 보였다. 글로벌 성취 정도와 비교하였을 때[56] 우리나라 육상의 생태적 대표성은 전반적으로 높게 보전되고 있다고 할 수 있으나 이는 산림 중심의 서식지 유형을 대변하는 것으로, 향후 국가차원의 서시지 유형구분을 통한 생태적 대표성 확보 노력이 필요할 것으로 판단된다.

"효과적인 관리"와 관련한 글로벌 성취[57]는 2018년 기준으로 20%의 보호지역(21,743개소)에 보호지역 관리효과성평가가 수행된 것으로 나타났으며, 주기적인 평가와 체계적인 보고 시스템이 미흡한 것으로 나타났다. CBD 결정문(Decision X/31)에서 권고하고 있는 "국가 보호지역 60%에 관리효과성평가 수행 목표는 21% 국가만이 성취한 것으로 나타났다. "공정한 관리(Equitably Managed)"[58]와 관련해서는 글로벌 차

---

56 해양의 경우는 글로벌 성취정도를 판단한 기초자료 확보의 한계로 인해 분석 미 수행

57 UNEP-WCMC and IUCN. 2018. Protected Planet : The Global Database on Protected Areas Management Effectiveness (GD-PAME), July 2018 version, Cambridge, UK : UNEP-WCMC and IUCN. Available at : www. protectedplanet.net.

58 분배적 공정성 (Distributive equity), 절차적 공정성 (Procedural equity), 규범적

원에서 평가방법론이 제안되기는 했지만 이의 적용이 매우 미흡한 것으로 평가되었다. 우리나라의 경우 환경부 보고서(2016)에 따르면 국가보호지역의 면적 대비 46.5%가 관리효과성평가를 수행한 것으로 나타나서, 글로벌 목표 성취에는 미치는 못 한 것으로 나타났다.

이상에서 살펴보았듯이 글로벌 목표에 대한 전 지구적 차원이나 국가차원 모두 보호지역 면적 확대 목표 보다는 질적인 목표 성취에 있어 많이 미흡한 것으로 나타났으며, 육상 보호지역의 경우 우리나라의 보호지역 면적 확대가 글로벌 목표 성취에 거의 근접하였으나, 해양의 경우 전 지구적 차원에서는 성취도가 높은 반면 우리나라의 경우 많은 격차를 갖고 있는 것을 알 수 있다.

새로운 글로벌 보전목표 (30by30 target)

생물다양성협약(CBD) 제15차 당사국총회(COP-15)에서 쿤밍-몬트리올 글로벌 생물다양성 프레임워크(이후 "K-M GBF")* 채택됨에 ('22.12) 따라, 전 지구의 30%를 보호지역 또는 자연공존지역(OECM) 체계를 통해 보호하겠다는 새로운 글로벌 보전목표(30x30)가 설정되었다. K-M GBF의 목표-3 "(모든 육지/내수/연안/해양(특히, 생물다

공정성 (Contextual equity, Recognition equity)

양성과 생태계 기능 및 서비스 측면에서 중요한 지역)의 최소 30%가 보호지역 및 기타효과적인지역기반보전수단(OECMs) 관리 체계(생태계대표성, 연결성, 공평한 거버넌스)를 통해 효과적으로 보전·관리됨(IPLC권리 존중)[59]"은 전 지구의 30% 보호라는 양적 목표와 더불어 다양한 질적 목표를 제시하고 있다.

30 by 30 Target			
Value 관점 (30%, Right Place)			Measures 관점
육상	육수	연안 및 해양	효과적 관리 / 공평한 거버넌스
(중요지역) 생물다양성, 생태계 기능/서비스 (대표성) 생태계적 대표성, Eco-region (연결성) well connected, integrated into wider landscapes ~			• 체계적 접근 (Systems of PAs and OECMs) • 지속가능 이용(생물다양성 보전 부합) • 원주민 권리 존중

또한 실천목표(action target)의 효과적 성취를 위한 진단할 수 있도록 다양한 모니터링 지표를 제시하고 있다.

---

59 Ensure and enable that by 2030 at least 30 per cent of terrestrial, inland water, and of coastal and marine areas, especially areas of particular importance for biodiversity and ecosystem functions and services, are effectively conserved and managed through ecologically representative, well-connected and equitably governed systems of protected areas and other effective area-based conservation measures, recognizing indigenous and traditional territories, where applicable, and integrated into wider landscapes, seascapes and the ocean, while ensuring that any sustainable use, where appropriate in such areas, is fully consistent with conservation outcomes, recognizing and respecting the rights of indigenous peoples and local communities, including over their traditional territories.

핵심지표 (headline indicator)	보호지역과OECM의 면적(coverage)
구성요소지표 (component indicator)	• 생물다양성 핵심지역의 보호지역 범위 • 보호지역 관리효과성(PAME) • ProConn / 보호지역 연결성 지수(PARC-연결성) • 생태계 적색 목록 • 연결성 지표(개발 중) • 현장 수준의 거버넌스 및 형평성 평가(SAGE)를 완료한 보호지역의 수 • 생물종보호지수(Species Protection Index)
보완지표 (complementary indicator)	• 축소된 보호지역(PD) • 생물다양성 핵심지역 현황 • 보호(보전)지역의 IUCN 녹색 목록 • 유네스코 지정 지역 면적(자연/복합 유산과 생물권보전지역) • 보호지역 및 OECM 관리 효과성(MEPCA) 지표 • 보호지역 격리 지수(PAI) • 보호지역 네트워크 메트릭(ProNet)
	• 보호지역 및 OECMs가 철새에게중요한 생물다양성핵심지역 포함 정도 • 보호지역, OECMs 및 전통지역의범위(거버넌스 유형별) • 람사르관리효과성추적 도구(R-METT) • 긍정적인 보전 결과와 효과적으로 관리되는 생물권보전지역의 비율 • 원주민과 지역사회가 소유한 토지 범위 • 생물종보호지수 • 보전과 관련된 FPIC에 관한 국가 법률, 정책 또는 기타 조치를 시행 국가 수 • 생태계 적색 목록 • 보호지역 또는 OECMs에 의해 보전되는 내륙, 담수 및 해양생태지역의 비율

새로운 글로벌 보전목표(30by30)에 따른

우리나라 법정 중장기계획 내용

□ 제5차 국가환경종합계획 2020-2040 (관계부처 합동, 20.)

  ○ 생태녹지축과 해양 · 연안수계축 기본구상

    – (생태녹지축) 백두대간보호지역, DMZ를 바탕으로 능선축, 산줄기 연결망, 광역생태축 자료 활용

    – (해양 · 연안수계축) 5대 국가하천, 연안 등 해양의 법정 보호지역, 해수면 상승 취약지역 자료 활용

    ※ 연안 등 해양 법적 보호지역을 바탕으로 연안수계축의 형태와 폭 설정

  ○ 우수 생태계 육성과 국제적 보호지역 확대

    – 잠재적 우수 생태계의 보전 · 관리 (30년, 27% → 40년, 33%)

    ※ 국토 우수생태계지역(보호지역, 생태자연도 1등급)을 국토의 1/3수준까지 확대

    – 국제적 수준의 보호지역 확대 전략 강화

    ※ 우수 관리 보호지역에 대한 국제 인증(IUCN녹색목록 등) 확대

    – 국가 보호지역 전반에 걸친 관리효과성평가(MEE) 확대 및 사후 관리 전략 구축

    – 해양보호구역의 지속적 확대와 해양생태축 구축

    – 육상~해양 연속 생태축 통합관리 방안 마련

    – 육상~도서~연안~해양 연속 생태계 보전 · 관리를 위한 해양~환경계획 연동제 추진

□ 제3차 국가기후변화적응대책 2021-2025 (관계부처 합동, 20.)

　　○ 우수 생태계 육성과 국제적 보호지역 확대

　　　- 국가 보호지역 확대* 및 관리강화

　　　* 육상 보호지역 면적 확대 추진(20. 16.8%→25. 17.8%)

　　　- 국가 보호지역 관계기관 협의체(연2회) 운영

　　　- 보호지역 통합DB관리시스템(KDPA) 운영

　　　- 한반도 생태네트워크 구축 및 관리

　　　- 해양보호구역 후보지 발굴·조사, 연안공간 보호지역 면적 확대
　　　　및 추가지정

□ 제4차 습지보전기본계획 2023-2027 (환경부·해양수산부, 22.)

　　○ 습지보호지역 확대

　　　- 내륙습지보호지역 : 22년, 137.393㎢ → 27년, 150㎢

　　　- 연안습지보호지역 : 22년, 1,497.23㎢ → 27년, 1,580㎢

　　　- 습지 관련 OECM발굴·등재 및 관리기반 마련

　　　- '국가보호지역 확대 포럼' 활용한 부처 간 지속 논의

- 습지보호지역 후보지 지속 발굴 및 지정 확대

① 생물다양성이 높고 보전가치가 우수한 친환경농업지구, DMZ, 민통선 지역, 농업유산등 논습지의보호지역 지정 확대

② 세계자연유산 2단계확대를 위한 습지보호지역 추가 지정

③ 습지생태계연결성 확보를 위한 한반도 생태축, 습지보호지역 등과 연계된 우수습지(생태거점)의 지속 발굴 및 목록화

④ 내륙−하천−연안습지 통합형습지 후보지 지속 발굴, 보호지역 확대

- 습지보호지역의 관리효과성 평가 정립

① 내륙 습지보호지역 시범적용(~ '23.), 평가 법적 근거 마련('24.)

② 해양보호구역 대상 관리효과성평가(연차별및 중장기(5년) 구분 실시 중)

□ 제3차 자연공원기본계획 2023−2032 (환경부, 22.)

○ 자연(국립)공원 확대

- 육상 자연(국립)공원 : '21년 3,973㎢ → '32년 5,351㎢, 1,378㎢ 증가

- 해상·해안 자연(국립)공원 : '21년 2,753㎢ → '32년 2,809㎢, 56㎢ 증가

- 광역기반통합관리에 OECM 개념 적극 도입·적용

□ 제5차 해양환경종합계획 2021−2030 (해양수산부, 21.)

○ 해양보호구역 확대

- '20년 9%(7,948㎢)→ '25년 15% → '30년 20%(17,201㎢, 영해 내측 해역의 20%)

① 5대 해양생태축중 해양보호구역 지정이 필요한 해역 분석

② 보호구역 추가 지정 추진 및 OECM발굴

③ EEZ 등 영해 외 해역에 대한 해양보호구역 지정 추진

  - 해양보호구역 관리효과성평가 실시('30년까지 100% 실시)

  - 절대보전구역 등 해양보호구역 세부 용도 구분

  - 해양경관보호구역 지정 확대 추진 : 환경관리해역, 해양보호구역 등 특별한 관리가 필요한 해역과 구별되도록 완화된 광역 관리체계 마련

  - 해양생태축설정·관리, 갯벌등급제도 도입(청정갯벌지정 등)

  ※ 5대 핵심해양생태축설정(해양수산부, '20.8) : 서해연안습지축, 물범-상괭이보전축, 도서해양생태보전축, 동해안해양생태보전축, 기후변화관찰축

□ 제2차 해양생태계 보전관리 기본계획 2019-2028 (해양수산부, 19.)

  ○ 해양보호구역 확대 및 관리강화

  - 해양보호구역 지정비율(%, 지정면적/해양면적)

    ① '18년 2.1%→ '23년 5% → '28년 10%

    ② 해양보호구역 후보지 발굴 및 보호구역 지정 효과 분석을 위한 조사체계 마련

  - 해양생물·경관보호구역 지정 : '18년 1개소 → '23년 3개소/3개소 → '28년 5개소/5개소

  - 국제적 수준의 보호구역 관리효과성평가기준 마련·평가 수행(5년 주기)

□ 제6차 산림기본계획 2018-2037 (산림청, 18.)

  ○ 산림생태계 건강성 유지·증진

  - 국가산림보호구역 비율(산림)

※ '17년 7%→ '22년 9% → '37년 15%

– 산림환경보호구역(백두대간 · 유전자원) 확대

※ '17년 427천ha→ '22년 480천ha → '37년 500천ha

– 산림유전자원보호구역에 대한 정기적 관리효과성평가

※ 현장 · 시스템수준(5년 주기), 간이평가(2~3년 주기)

자연공존지역[60] *(OECM)*

자연공존지역(OECM) 등장 배경

▼ OECM이라는 용어는 생물다양성협약(CBD) 전문[61]의 현지-내 보전(in-situ conservation, 8조)과 관련하여 생물다양성 보전을 위한 특별한 수단(special measures)에 연원을 두고 있으며,

▼ 제10차 생물다양성협약(CBD) 당사국총회에서 '2011-2020 생물다양성 전략계획'과 '아이치 생물다양성 목표'(strategic plan for biodiversity 2011-2020 and Aichi biodiversity targets)를 채택함으로써 공식적으로 등장

▼ '아이치 생물다양성 목표 11'(CBD Aichi Target-11)은 적어도 육상 생태계의 17%, 해양생태계의 10% 지역을 '보호지역'과 '기타 효과적인 지역기반 보전수단'(OECMs)을 통해 효과적이고 공정하게 관리하도록 권고하고 있다.

---

60 단순 번역어(기타 효과적인 지역기반 보전수단) 사용(4가지 이상의 다양한 번역)이 아닌, OECM 개념을 반영한 한국적 용어 사용에 대한 논의 및 공감대 형성 : 국가 차원의 한국적 용어 사용에 대한 토론(IUCN 역량강화 워크숍/3차 포럼, '22.10.) → 1차 후보 용어 도출 → 전문가 설문조사('22.10.~11., 30여명 참여) → '23년 '1차 국가보호지역확대포럼'에서 국문 명칭을 (가칭)"자연공존지역" 사용 합의('23.4.25.)

61 CBD 전문은 서문, 42개 조항, 부속서 2개(확인 및 감시, 중재 및 조정)로 구성되어 있으며, 현지-내 보전(In-situ conservation) 13개 항목을 기술하고 있음. 생물다양성 보전을 위한 보전시스템 내용에 보호지역과 함께 특별한 수단(Special Measures) 기술

자연공존지역(OECM) 개념 정의(CBD Decision 14/8 (2018)) :

▼ 제14차 당사국총회(COP-14, 2018)에서 "보호지역은 아니지만 생물다양성, 연관된 생태계 기능과 서비스, 경우에 따라 문화적 · 영적 · 사회 · 경제적 · 기타 지역적으로 연관된 가치의 긍정적이고 지속가능한 현지-내 보전 성과를 성취하는 방향으로 운영 · 관리되는 지리적으로 규정된 지역"으로 OECM 개념을 정의

▼ a geographically defined area other than a Protected Area, which is governed and managed in ways that achieve positive and sustained long-term outcomes for the in situ conservation of biodiversity, with associated ecosystem functions and services and where applicable, cultural, spiritual, socio-economic, and other locally relevant values

　OECMs은 5개 단어가 조합된 용어로, 각 단어의 구체적인 의미를 살펴보면, 첫째, '기타'(other)는 '현재 공식적으로 보호지역이 아니다'라는 의미를 담고 있는데, 즉 정부가 해당 지역을 보호지역으로 공식 승인을 하지 않았거나 해당 지역의 이해관계자가 보호지역으로 지정 요청을 하지 않아서 보호지역으로 인정되지 않았다는 것을 의미한다.

　둘째, '효과적인'(effective)은 두 가지 의미를 내포하고 있는데, IUCN은 보호지역에 관한 정의에서 "법 또는 기타 효과적인 수단(legal or other effective means)을 통하여 보호지역을 지정"하도록 명문화하고 있고, 여기에서 '수단'이란 국내법, 국제협약, 전통 규범 등을 말한다.

또한 '해당지역의 지정·관리 목적과 무관하게 자연과 생물다양성을 보전에 실제 기여 하고 있다'는 것을 의미하는 것으로, 그 보전 효과가 장기간에 걸쳐 유지되어야 한다.

셋째, '지역 기반'(area-based)은 '합의하여 정해진 경계를 지닌, 공간적으로 정의된 영역'을 뜻한다. 영역의 경계를 분명히 나타낼 수 있다는 것은 기록의 용이성, 정확성의 향상, 이행가능성 확보 차원에서 중요하다.

넷째, '보전'(conservation)은 IUCN 지침상 생태계, 자연 서식지, 반자연 서식지의 현지-내 보전(in-situ conservation)을 의미한다.

마지막으로 '수단'(measures)은 어떤 방식으로든 승인 과정이 필요하며, 자연 보전에 대한 장기적이며 구체적인 구속력을 가지는 방안을 의미한다.

보호지역(Protected Areas) 정의 (IUCN, 2008)

clearly defined geographical space, recognized, dedicated and managed to achieve the long-term conservation of nature with associated ecosystem services and cultural values through legal or other effective means

법률 또는 기타 효과적인 수단을 통해 생태계서비스와 문화적 가치를 포함한 자연의 장기적 보전을 위해 지정, 인지, 관리되는 지리적으로 한정된 공간

(2018) CBD Decision 14/8 annex III : OECM에 대한 **과학기술적 자문**

- OECM은 생물다양성과 생태계 기능·서비스 보전에 중요 역할 : 보호지역을 보완하여 연결성, 대표성, 광역경관 통합, 효과성/공정성, 생물다양성 주류화 등 기존 보호지역 네트워크를 적절하게 강화

- OECM은 해양, 육상 및 담수 생태계에서 생물다양성의 장기적인 현지-내 보전 기회를 제공 (명확한 생물다양성 보전 효과와 지속가능한 인간 활동 허용 가능) → OECM 인정을 통해 기존 생물다양성 가치를 유지하고, 보전 성과를 개선할 수 있는 장려책이 될 수 있음
- OECM 잠재성 : 성공적 보전, 위협 감소/제거, 복원력 증대 등 (생태계접근법, 예방적 접근에 부합)
- OECM 인식은 적절한 협의를 거쳐야 함(관련 거버넌스 당국, 소유자, 권리보유자, 이해관계자, 대중 등)
- 생물다양성에 대한 긍정적/지속적 성과 확보를 위한 지원이 있어야 함(특히 위협 방지 및 대응 등), 적법한 당국의 거버넌스 역량 증진
- 원주민/지역공동체 영토 내 OECM 인식은 자유로운 사전통보승인을 적절하게 동반한 자체 파악
- OECM은 생물다양성 보전을 위한 다양한 거버넌스 체계와 주체의 역할을 인식하고 알리며, 가시화

〈 생물다양성협약(CBD)의 OECM 발굴 결정인자(criteria) 〉

OECM Criteria : CBD Decision 14/8 annex III 내용 요약 · 정리
1 **보호지역 아님 (Not a protected area)** : 보호지역, 그 일부로 인정되거나 보고되지 않았으며, 타 기능/목적을 위해 지정
2 **지리적으로 규정된 지역/공간(Geographically defined space)** : 규모/면적 기술(필요시 3차원), 지리적 경계 기술
3 **적법한 거버넌스 조직 (Legitimate governance authorities)** : 보전 성취에 적합한 거버넌스 조직이 있음, 거버넌스는 단일기관 또는 협력적으로 이뤄짐
4 **관리되는 (Managed)** : 보전을 위해 긍정적/지속적 성과를 성취하는 방식으로 관리, 관계 당국 및 이해관계자가 파악되었고 관리 참여, 위협 관리 능력 등
5 **효과적인 (Effective)** : 생물다양성의 현지−내 보전을 위해 긍정적/지속적인 결과를 성취하거나 이를 기대, 기존 위협 또는 예상되는 장래 위협 대응 메커니즘 등
6 **장기적 지속가능성(Sustained over long term)** : 보전 수단이 장기적으로 존재, 지속성은 거버넌스/관리 연속성과 관련, 장기적은 생물다양성 성과와 관련
7 **생물다양성 현지−내 보전 (In situ conservation of biological diversity)** : 중요하다고 생각되는 생물다양성 속성(예 : 희귀종, 멸종위기종/군집, 생태계 대표성, 서식지 제한 종, KBA, 중요 생태계 기능/서비스, 연결성) 확인
8 **정보와 모니터링 (Information and monitoring)** : 가능한 범위 내에서 알려진 생물다양성 특성뿐 아니라 가능한 해당 지역의 문화/정신적 가치와 효과성평가를 위한 거버넌스와 관리 상황 포함
9 **생태계 기능 및 서비스 (Ecosystem functions and services)** : 생태계 기능/서비스 상호작용 및 균형을 고려하여 긍정적 생물다양성 결과, 부정적 영향 없어야 함
10 **문화/영적/사회 · 경제적/기타 지역적 가치 (Cultural, spiritual, socio−economic and other locally relevant values)** : 해당 지역에 문화적/정신적/사회 · 경제적 가치 및 기타 지역 관련 가치가 존재하는 경우, 거버넌스 및 관리 조치가 이들 가치를 파악, 존중 및 유지

- 4단계 접근 : 1단계(보호지역 여부) → 2단계(OECM 기본 특성) → 3단계(장기적 보전 성과) → 4단계(현지-내 보전 목표 부합성)
- 관할 기관이 아닌 다른 당사자가 절차를 관리하는 경우 : 자유의사에 따른 사전동의원칙 적용, 관할 기관의 이해 관계 확인
- 지침과 선별 기준을 자세히 읽고 논의하며, 해당 지역의 지역기반 보전과 관련해 다양한 접근 방식에 정통한 사람으로 구성된 검토 팀 소집
- 선별 도구 적용 전에, 기존 보호지역과 잠재 OECM의 위치 관련 포괄적인 지도/정보 수집 (비교를 통한 상호관계 이해 증진)
- OECM으로 평가된 개별 지역을 4단계 선별 테스트로 각각 검증
- 4단계 테스트를 모두 통과한 지역을 후보 OECM으로 판별하고, 국가별로 조정된 실증 기반 평가 도구를 사용해 평가
- 평가 절차를 통과한 OECM을 WDPA에 보고
- 테스트를 통과하지 못한 지역의 경우, 기준별 판정 사유를 기록. 이 정보는 관할/관리가 변경될 경우 해당 지역을 OECM으로 지정할 수 있는지 여부를 파악하는 데 도움이 된다. 원하는 경우 위 1~5의 절차를 다시 적용

(2022) Site-level tool for identifying other effective area-based conservation measures (OECMs)

- 개별지역 평가를 위한 3단계 접근 제시

Step 1 Screening: Identifying a Potential OECM

- 필요한 정보: name, location, designation, governance or management. etc.
- Criterion 1: The site is not a protected area (PA)
- Criterion 2: The site is likely to support important biodiversity values

---

Step 2 Consent for Full Assessment

- 필요한 정보: 주요 관리/관할 기관, 연락처(주요이해관계자/권리보유자), 의견수렴 내용
- Securing and Documenting Consent

Step 3 The Full Assessment: Recoginsing an OECM
3-1 Identification and conservation of the biodiversity value of the site

- 필요한 정보: 경계, 규모/형상, 가치(생물다양성, ES 등), 위협, 장기 목적(보전 성취 관련성), 관리활동(보전 성취 관련성)
- Criterion 3: The site is a geographically defined
- Criterion 4: The site is confirmed to support important biodiversity values
- Criterion 5: Activities which threaten the important biodiversity values of the site are prevented or mitigated
- Criterion 6: Governance and management of the site results in the *In situ* conservation of important biodiversity values

---

3-2 Assessment of Sustained and Equitable Governance and Management

- 필요한 정보: 장기적 관할/관리 근거, 공정한 거버넌스(권리보유자 참여 등)
- Criterion 7: Governance and management arrangements are likely to be sustained
- Criterion 8: Governance and management arrangements address equity considerations

우리나라 자연공존지역(OECM) 확인 지침[62]

- 확인 지침(v 1.2)에서는 "자연공존지역"은 "보호지역은 아니지만 생물 다양성 보전에 기여하는 지역으로, 국제사회(CBD, IUCN)에서 제시한 개념 및 글로벌 표준 부합이 확인·보고된 지역"을 의미[63]함을 제시.

- 우리나라 잠재 OECM 발굴을 위한 기본원칙(고려사항)_안

 1. 글로벌 정의 부합성(보호지역 또는 OECM) 우선 적용

 2. OECM 개념의 친화성 증진을 위해 번역어가 아닌 한국적 용어 (국가명칭) 사용. (가칭) 자연공존지역

---

62 한국보호지역확대포럼(KPAF). 2023. 우리나라 자연공존지역(OECM) 확인 지침 (v. 1.2). 환경부-IUCN-국립공원공단.

63 생물다양성협약(CBD)의 2050 비전인 '자연과 조화로운 삶'의 맥락에 맞춰 "자 연과 사람이 조화롭게 공생·공존하는 지역"으로 생물다양성의 포괄적 보전 목 표인 '서식 가능한 기후(Habitable Climate)', '자립형 생물다양성(Self-sustaining Biodiversity)', '모두를 위한 양질의 삶(Good quality of life for all)' 성취에 기여하 는 지역으로 자발적 참여와 자율적 규제 지향

3. OECM 적합성 평가는 개별지역(site)별 신중한 검토 필요 (불가피할 경우 유형/그룹별 검토)

4. 다양한 권리보유자/이해관계자의 폭넓은 참여 네트워크 구축 (이해관계자 연합, 소통 플랫폼, DB/정보 구축·공유 등)

5. 발굴·등재의 확장성과 자율성을 위해 자발적 인증제(목록화) 도입 검토 (자발적 참여 / 자율적 규제 지향)

6. 수단·조치(measures)의 지속성, 장기적 성과 증진을 위한 지원 체계(정책) 고려

7. 대상 지역의 가치를 검토할 때, 생물다양성 가치를 공유하는 주변지역과 더불어 검토 (광역 관점, 연결성·온전성, 복원 지역은 보전 성과 발현, 여타 연관된 가치의 종합적 고려)

8. 다양한 OECM 유형 발굴 및 효과적 확산을 위해 도입 초기 정부주도형 발굴 추진

9. 효과적 OECM 발굴·정보구축을 위한 통합 데이터베이스(KD-OECM) 구축 도모

10. 기존 보호지역체계와 연계한 국가 현지-내 보전체계 정립 추진

- OECM 발굴 단계 : 준비단계(기초정보 구축), 3단계의 발굴·보고 과정

OECM 발굴 과정·보고 과정(체계)(안)			
준비단계	1단계 - 선별단계(screening)	2단계 - 공감대 형성단계	3단계 - 발굴·보고단계
기초정보 구축 (필요정보 표로 정리)	결정인자 (보호지역 여부, 지리적 경계 명확성, 현지-내 보전(가치)성과, 효과적 수단/거버넌스)	관리주체, 권리보유자, 이해관계자 참여·동의	심층진단(결정인자/지표), 자료구축 등

4장

생물다양성(Biodiversity)[+]
한반도 생태공동체(남북 협력)

생물다양성(Biodiversity)⁺ : 한반도 생태공동체(남북 협력)

한반도 생태공동체
자연환경 분야 남북협력을 통한 구현 ... [64]

정전협정으로 인해 남북으로 분단된 이래, 한반도의 통일은 우리 민족의 가장 중요한 소망으로 여겨지고 있으며, 이는 자연생태계에도 동일하게 적용될 수 있을 것이다. 한반도 평화 정착을 위해서는 사회 · 경제 · 문화 · 환경 등 가능한 모든 분야에서 남북한 상호 협력을 통해 상호 공감대를 형성하고 신뢰를 구축해 나가는 것이 필요할 것이다. 경기연구원(2018)[65]의 연구 결과에 따르면 환경 분야 중 남북협력이 가장

64 "인제서화 DMZ평화생태특구"사업의 세부과제로 "남북생태협력 방안"에 대해 집필한 내용을 토대로 작성 : 내용 구성은 저자가 연구책임으로 참여했던 연구과제("DMZ 관련 2016 WCC 발의안 이행방안 마련을 위한 연구. 2017", "자연환경분야 남북협력방안 연구. 2018", "한반도 보호지역 기초자료 구축 연구. 2018", "한반도 주요 보호지역 보전현황 분석 연구. 2019" "한반도 보호지역 발전방안 연구. 2020")와 남북협력 관련 저자의 논문인 "자연환경분야 남북협력 증진방안연구(환경생태학회지 34권 5호, 2020)", "북한의 자연환경 보전 법제 및 보호지역 현황 고찰(환경생태학회지 35권 1호, 2021)" 내용을 토대로 작성.

65 경기연구원. 2018. 남북 환경협력의 쟁점과 추진방향.

필요한 분야로 에너지(52%), 산림녹지(25%), 물의 이용·관리(12%) 순으로 필요성이 높은 것으로 나타났으며, 남북협력 기본방향으로 지속가능한 협력(47%)을 최우선으로 제시하고 있다. 이처럼 자연환경 분야에서 지속가능한 남북협력을 위해서는 북한의 자연환경 보전 체계와 현황에 대한 이해가 선행되어야 할 것이며, 효과적인 협력 추진을 위해 대북 제재 현황 등 협력 여건에 대해서도 살펴볼 필요가 있을 것이다.

북한에 대한 정보가 극히 제한적이기 때문에 이러한 정보의 한계를 인식하고 결과 해석에 유의할 필요가 있으며, 활발한 정보교류 등을 통해 남북한 모두의 자연 보전체계를 이해할 수 있는 노력이 필요할 것이다. 향후 보다 실증적인 정보 구축을 위한 남·북 공동 연구, 남북한 보호지역 자료의 세계보호지역데이터베이스(WDPA) 등재, 한반도 통합 생물다양성 자료집이나 한반도 보호지역 지도책(Atlas) 제작 등이 자연환경 분야 남북협력을 위한 좋은 잠재사업이 될 수 있을 것이며, 이러한 다양한 협력 접근을 통해 한반도 생태공동체 구현을 위한 통합적 보전 체계를 구상해 볼 수 있기를 기대하며 관련 내용을 소개하고자 합니다.

북한의 자연환경 개요[66]

○ 국토 현황 및 생물다양성

   – 북한의 영토 면적은 122,762.338㎢로 아시아 대륙의 북동쪽
에 위치, 남북으로 길게 뻗은 반도로 국토 크기에 비해 생물다
양성이 풍부한 산, 들, 강, 해안 등 다양한 자연경관 보유

   – 아시아 대륙의 북동쪽에 위치한 북한은 산과 강이 많고 해안선
이 긴 수직과 수평으로 복잡한 지형이 특징으로, 산림이 국토
면적의 약 74.7%로 가장 넓고, 농업 면적은 15.2%, 수역은 약
6.2%

   – 해안선 길이는 3,070km, 340개의 섬이 존재, 길고 복잡한 해
안선 덕분에 다양하고 풍부한 다양성뿐만 아니라 다양한 해안
생태계를 가지고 있음

○ 북한의 식물 종 수는 10,012종 (2006년 말 기준)

   – 고등 식물 종은 4,426종으로 전 세계 종의 약 1.6%

   – 1,494종의 척추동물, 8,652종의 무척추동물, 곤충 종은
6,257종이 기록되

   – 포유류 107종(지상어 79종, 해양어 20종), 조류 420종, 어류
866종(민물고기 190종, 바다어류 676종, 양서류 17종, 파충류

---

66 "DPR Korea. 2016. CBD 5th National Report on Biodiversity of DPR Korea"
"CBD website country profile"요약 정리

26종) 서식

- 180여종의 이동성 조류가 기록되어 있음(희귀종 26종 포함)

○ 북한의 멸종위기종

 - 북한의 멸종위기 척추동물은 총 43종이며, 포유류의 멸종위기
   종은 14종으로 육상 포유류의 17.7%를 차지
 - 파충류의 멸종위기종은 5종으로 전체 파충류의 19.2%, 전체
   양서류의 17.6%가 멸종위기에 처해 있음
 - 한국 서해 연안의 멸종위기 조류는 21종(CR 1종, EN 6종 VU 14
   종[67]), 한국 동해 연안에 서식하는 것은 16종(1 CR, 5 EN, 10 VU)

〈 북한의 멸종위기 척추동물(Threatened species of vertebrates in DPR Korea), DPRK 2016 〉

Community \ Classification	CR	EN	VU	Total
Mammals	1	5	8	14
Aves	2	6	13	21
Reptiles		2	3	5
Amphibians		1	2	3
Total	3	14	26	43

---

67 표에서는 13종으로 기록되어 있으나, 보고서 본문에 14종으로 기술되어 있어 이
   를 따름 : The threatened birds in the coastal area of the Korean West Sea is 21
   species (among which 1CR, 6 EN, 14 VU species), while the one in the coastal
   area of the Korean East Sea is 16 species (1CR, 5 EN, 10 VU species).

생물다양성 가치와 유전적 다양성

○ 국가보고서에 언급된 생물다양성의 가치

- 풍부한 생물다양성은 농업, 가축사육, 과일농사, 임업, 양식, 양봉 등 국가경제 발전에 귀중한 자산으로 인식, 허브는 인간의 건강, 문화, 정서적 삶 제공
- 생물다양성은 새로운 품종의 번식, 농업 생산의 증가, 토양의 비옥함, 수정과 같은 농업에 엄청난 사회 경제적 이익 제공
- 많은 예술가, 작가, 배우들이 그들의 예술과 문학을 통해 한국 사람들이 조국에 대한 열렬한 사랑을 갖게 만드는 풍부한 생물다양성을 묘사하고 있음
- 세계적인 명승지로 잘 알려진 백두산, 묘향산, 금강산, 칠보산, 구월산 등의 관광지를 개발하여 생태계에서 문화서비스의 가치를 높이고 문화적 정서적 삶의 수준을 높이고 있음

○ 유전적 다양성의 현황

- DPR Korea에서 지난 4년 동안, 국가 경제 발전을 위해 경제적으로 중요한 많은 새로운 종류의 품종 재배·이용
- 농업, 과수 농업, 가축 사육, 어류 양식, 원예 분야에서 많은 새로운 품종 개발
- 2012년 평양화훼연구소는 수백종의 새로운 꽃과 농업과학원 산하 작물품종연구소는 관련 데이터베이스 구축
- 2009년 작물유전자원 정보시스템 개발 및 도입을 통한 작물유전자원 수집, 보존, 관리 및 이용

- 유전자 다양성의 상실에 대한 평가는 현재 진행 중이지만, 유전적 다양성 보전은 재정과 장비의 제약으로 인해 약간의 어려움에 직면해 있음

북한의 생물다양성 추이 및 위협요인[68]

생물다양성 추이

○ 삼림이 국토의 대부분을 차지하기 때문에 농경지가 극도로 제한
: 국토 중 산림과 농경지가 각각 약 74.7%, 15.2%를 차지(2011년 1인당 면적은 각각 0.38ha와 0.08ha)

○ 최근 지구온난화로 북부 고지의 산림 제한선은 위쪽으로 올라가는 추세를 보이고 고산식물의 분포 면적은 감소하는 추세

○ 가장 고지대인 백두산 일대에서 주요 식물 군락의 변화 관측
- 백두산 생물권보전지역의 산림 제한선은 지난 47년간 북쪽으로 약 1,200m, 수직적으로는 위로 약 50m 확대

○ Landsat TM 자료(1995년, 2000년, 2006년) 분석 결과, 백두산과 태택지역((Mt. Paektu and Taethaek areas))에 분비나무(Abies nephrolepis), 가문비나무(Picea jezoensis), 억새(purple eulalia) 군락의 증가 확인

○ 부전자작나무(Betula fusenensis), 눈향나무(Sabina sargentii), 노랑만병초(Rhododendron chrysanthum), 매자나무(Berberis

---

68 "DPR Korea, 2016, CBD 5th National Report on Biodiversity of DPR Korea" 요약 정리

koreana), 만병초(Rhododendron brachycarpum) 등 전통 고산식물의 분포면적이 차일봉(ChailPeak)을 비롯한 북부 고원에서 감소하고 있음

○ 북대봉산맥과 마식령산맥의 고도에 따른 소나무와 몽골 참나무의 연륜을 조사한 결과 산림대 상승 속도가 10년 만에 2.1~3.7m에 이르는 것으로 나타남.

   – 이러한 결과로, 아고산 식물대와 분비나무(Abies nephrolepis)-가문비나무(Picea jezoensis) 식생대가 감소했고, 이 지역의 주목(Taxus cuspidata)를 포함한 일부 종의 자연 절멸의 위험에 처해 있음

○ 백두산의 전통적이고 경제적인 종인 산딸기(wild berry tree)는 고목층(high tree layer)의 토지 이용 변화에 따라 분포 범위가 감소

○ 고양싸리(Lespedeza robusta), 신나무(Acer ginnala var. divaricatum), 덩굴민백미꽃(Cynanchum japonicum), 좀새그령(Eragrostis poaeoides), Limnorchish ologlottis, 서울개발나물(Pterygopleurum neurophyllum), Angelica distana, Aceru kurunduense var. pilosum 등 8종의 중남부 식물이 량강도와 함경북도(Ryanggang Province and North Hamgyong Province)를 포함한 북부지역의 고산식물(alpine plant) 목록에 추가

생물다양성 손실 주요 위협 요인

○ 생물 다양성에 대한 주요 위협은 생태학적 한계를 넘어선 자연

자원의 남용

- 임야 면적이 8,927,300ha로 전 국토 74.7%를 차지, 이 중 목재림(timber forest) 7,643,200ha, 비목재림(non-timber forest) 876,800ha, 나머지 비임야
- 비목재림 증가는 주로 산림 과잉, 긴장된 식량문제 해결을 위한 경작지 개간, 농촌 에너지 부족으로 인한 목재 사용 증가 등이 원인
- 해양자원 감소의 주요 원인은 서식지 파괴와 남획
- 약용식물의 과도한 수집과 야생동물의 사냥 또한 생물다양성 보전의 위협

○ 삼림 벌채, 서식지 감소, 외래종 침입, 환경오염, 기후 변화에 의한 토양과 수자원 손실의 영향

○ 서식지 감소

- 자연 서식지의 파편화와 서식지 감소는 멸종위기 포유류의 수를 감소
- 숲 생태계의 퇴화는 서식지 파편화를 초래하고 대형 생물의 생존에 영향
- 갈색 곰(Ursus aritos)과 같은 포유류들과 하천 생태계의 퇴화는 유럽 수달(Lutura lutura)과 같은 종들을 위협
- 습지 손실은 두루미(Grus japonensis), 재두루미(Grus vipio)와 같은 대형 물새의 존재에 직접적인 영향을 미침

○ 침입외래종 및 환경 악화

- 현재 하천과 호수, 저수지가 오염되어 있음. 일부 도시의 인프

라 미비, 하수처리장 불규칙 가동(에너지 부족과 시설 노후화로 인한) 등으로 인해 수생 생태계의 생물다양성이 저하되고 있음

- 외래종의 침입은 생물다양성 상실의 주요 원인 중 하나로, 북쪽에서 유입된 밤나무혹벌(Dryocosmus kuriphilus), Matsucoccus pini와 남쪽에서 유입된 Lecidomyia brachyntera, Lissorhoptrus oryzopholis 등은 임업과 농업에 큰 피해를 입히고 있으며, 돼지풀(Ambrosia artemisfolia)도 심각한 도전과제 중 하나임.

- 따라서 외래종의 조기 발견, 신속한 대응, 엄격한 통제 및 광범위한 확산을 방지하기 위한 기반구축에 많은 관심을 기울이는 것이 매우 중요함

○ 기후변화 영향

- 지구온난화에 따른 산림지대 상승은 전형적인 고산식물에 큰 피해를 야기 : 고산 · 아고산지대 6종, 북부지대 21종, 중부지대 4종이 기후변화에 가장 취약해 개체수 감소를 보임

- 기후변화에 따른 사막화로 12종의 식물 생육속도가 느려지고 종자 발아율이 낮아지고 있음

- 기후 변화는 또한 생물자원의 분포와 이동에도 영향을 미침 : 최근 아열대 과수인 무화과(Ficus carica)는 사리원 남쪽 지역에서 자연 재배에 성공하고 있으며 강원도 남부에서 재배되는 것으로 알려진 감나무(Diospyros chinensis)는 평안남도 등 북부지역에서 재배되고 있음

- 고양싸리(Lespedeza robusta), 신나무(Acer ginnala var.

divaricatum), 주목(Taxus caespitosa), 좀새그령(Eragrostis poaeoides), 희제비란(Platanthera hologlottis), 서울개발나물(Edosmia neurophylla), Angelica distana, 부계꽃나무(Acer ukurunduense var. Plosum) 등 지난 기간 중부와 남부 지역에서만 기록된 종들이 북부 지역으로 분포가 이동했다는 평가를 받고 있음

- 연못에서 주로 자라는 우리나라 고유종인 각시수련(Nymphaea pygmaea var. minima)은 잦은 고온과 가뭄으로 서식지를 잃을 가능성이 있음

북한의 자연환경 보전체계[69]

북한의 환경보전 관련 개념

○ 북한의 환경관은 환경 오염과 자연 파괴는 자본주의 사회에서 자본가들의 이윤 획득을 위한 경쟁에서 비롯된 것으로 자연적 재해가 아닌 사회적 재난으로 간주하여, 진정한 환경보호와 공해방지는 사회주의 사회에서 원만하게 해결될 수 있다고 주장

○ 북한은 정권 수립기에서 1970년대 초까지는 환경보호 관련 법제가 마련되지 못하였으며, 1977년 토지법 제정을 통해 토지 보호, 보호구역, 산림조성 및 보호 등 환경 보호에 대한 개념을 도입하였음[70]

○ 1992년 헌법을 개정하면서 처음으로 환경에 관한 사항(조선민주

---

69 "자연환경분야 남북협력방안 연구. 2018", "한반도 보호지역 기초자료 구축 연구. 2018", "한반도 주요 보호지역 보전현황 분석 연구. 2019""한반도 보호지역 발전방안 연구. 2020""북한의 자연환경 보전 법제 및 보호지역 현황 고찰(환경생태학회지 35권 1호, 2021)" 내용을 토대로 작성

70 제19조(토지보호) : 국가는 강하천 정리, 산림조성 등 토지보호사업을 힘있게 벌려 토지류실을 막으며 나라의 물질적 부를 늘리고 인민들의 복리를 증진시킴, 제25조(보호구역) : 국토관리기관은 강하천, 호소, 저수지와 제방을 비롯한 시설물을 보호하기 위하여 필요한 곳에 보호구역을 정한다. 보호구역 안에서는 강하천의 제방과 그 시설물을 못쓰게 만들거나 보호관리에 지장을 주는 행위 할 수 없음, 제32조(산림 조성 및 보호) : 국토관리기관은 산림 조성과 보호 사업을 전군중적으로 조직진행하기 위하여 기관, 기업소, 학교, 단체에 담당구역을 설정. 기관, 기업소, 학교, 단체 및 공민들은 봄과 가을에 나무심기에 적극 참가하며 산림을 잘 보호관리하여 온 나라의 산을 푸른 락원으로 만들어야 함

주의인민공화국 헌법 제57조)을 법조문에 포함하여[71] 환경보호
에 관한 국가의 책무를 규정[72]

- 북한의 헌법에서는 환경보호에 대한 국가의 책무만을 규정하
  고 있으나, 우리나라의 경우 환경보전을 위한 국가와 국민의
  노력 모두를 규정하고 있는 차이가 존재

○ 북한의 헌법(조선민주주의인민공화국 헌법, 1948년 채택)

- 1992년 헌법을 개정하면서 처음으로 환경에 관한 사항(제57
  조)을 법조문에 포함

- 제57조 : '국가는 생산에 앞서 환경보호대책을 세우며 자연환
  경을 보존, 조성하고 환경오염을 방지하여 인민들에게 문화·
  위생적인 생활환경과 로동조건을 마련하여 준다.'로 환경보호
  에 관한 국가의 책무를 규정하고 자연환경 보존을 직접 언급하
  고 있음

- 환경보호에 관한 국가의 책무를 규정하였지만, 국민의 환경권
  을 직접 언급한 것은 아님

북한의 환경 관련 법제 흐름

○ 북한은 1970년대 초까지는 자연환경과 관련된 직접적인 법제가 마

---

71 "국가는 생산에 앞서 환경보호대책을 세우며 자연환경을 보존, 조성하고 환경오염
을 방지하여 인민들에게 문화위생적인 생활환경과 로동조건을 마련하여 준다."

72 우리나라는 1980년 헌법 개정(헌법 제9호 33조)을 통해 "모든 국민은 깨끗한 환
경에서 생활할 권리를 가지며, 국가와 국민은 환경보전을 위하여 노력하여야 한
다."고 환경권을 국민의 기본권으로 보장하고, 현행 헌법(1987년 헌법 제10호
35조)에서 "모든 국민은 건강하고 쾌적한 환경에서 생활할 권리를 가지며, 국가
와 국민은 환경보전을 위하여 노력하여야 한다."고 규정하고 있는 것과 유사

련되지 못하였고, 1977년 토지법 제정을 통해 토지 보호, 보호구역, 산림조성 및 보호 등 자연환경 보호에 관한 법적 근거를 마련

○ 북한 환경법제의 발전 단계는 환경보호법의 제정(1986년)과 함께 그 근간을 갖추었으며, 1990년 내에 들어서 헌법 개정(1992년)을 통해 "국가의 책무로서 자연환경의 보존 · 조성"을 규정하였고, 그 이후 "환경보호법"을 기본법으로 다양한 분야의 하위법령을 제정하여 분법화 되었음

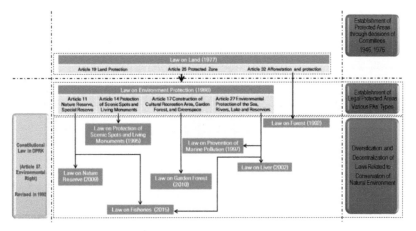

○ 북한 환경법제의 발전 단계는 환경보호법의 제정(1986년) 이전과 이후로 구분 가능

   − 환경보호법 제정 이전에는 토지법이나 인민보건법 등에 환경보호 관련조항을 규정하거나 주석명령이나 내각 정령의 형식으로 환경보호에 대해 규율

   − 환경보호법 제정 이후에는 최고인민회의의 법령 또는 최고인민회의 상임위원회의 정령 등의 형식으로 개별 하위법령들이 채택되어 환경보호법을 기본법으로 다양한 분야의 하위법령들

이 제정되어 분화해가는 양상을 보임(법무부, 2015)

- 특히 보호지역 지정과 관련하여 "환경보호법"을 통해 다양한 법
정 보호지역을 지정하기 이전에는 위원회 결정 등으로 지정하였으
며, "환경보호법" 제정 이후에 "자연보호구법" 등 다양한 관련법들
이 세분화되어 개별 보호지역을 지정하고 있는 것을 알 수 있음

○ 북한의 자연환경 관련 법령은 토지법(1977년 제정)과 환경보호
법(1986년 제정)이 그 근간을 이루고 있음

- 그 외 환경관련 법률로 국토계획법(2002년 제정)[73], 환경영향평
가법(2005년 제정)[74], 국토환경보호단속법(1998년 제정)[75], 산림
법(1992년 제정)[76], 대동강오염방지법(2008년 제정)[77], 바다오염

---

73 제1조(국토계획법의 사명) 국토계획의 작성과 비준, 실행에서 제도와 질서를 엄
격히 세워 국토관리를 계획적으로 하는데 이바지함을 사명, 제2조(국토계획의
분류) 국토계획은 국토와 자원, 환경의 관리에 관한 통일적이며 종합적인 전망계
획임, 제16조(국토계획초안의 작성) 국토계획 초안에는 국토개발 전략과 혁명 전
적지, 혁명 사적지의 보호, 부침땅과 산림, 하천, 호소, 바다의 리용, 자원개발, 도
시와 마을의 형성, 휴양지구개발, 산업지구와 하부구조의 건설, 자연환경의 조성
과 보호, 국토정리와 미화사업 같은 것을 반영하여야 함

74 제1조(환경영향평가법의 사명) 조선민주주의인민공화국 환경영향평가법은 환경
영향평가문건의 작성과 신청, 심의, 환경영향평 가결정의 집행에서 제도와 질서
를 엄격히 세워 환경파괴와 그로 인한 피해를 미리 막고 깨끗한 환경을 보장하
는데 이바지

75 국토환경보호단속법의 사명(제1조) : 국토환경보호질서위반행위를 엄격히 단속
하여 국토와 자원, 환경을 보호하고 인민들의 자주적이며 창조적인 생활환경을
마련하는데 이바지

76 산림법의 사명(제1조) : 산림조성과 보호, 산림자원리용에서 규률과 질서를 엄격
히 세워 국가의 산림정책을 관철하는데 이바지

77 대동강오염방지법의 사명(제1조) : 대동강의 보호관리에서 제도와 질서를 엄격
히 세워 대동강의 수질과 환경을 보존, 개선하는데 이바지

방지법(1997년 제정)[78], 하천법(2002년 제정)[79] 등이 있음.

〈 북한의 자연환경 관련 법제(제정 시기, 최근 개정 시기)(장명봉(2015) 내용 표로 정리)〉

토지 관련 법	환경 관련 법	보호지역 관련 법
토지법 (1977, 1999) 국토환경보호단속법 (1998, 2005) 국토계획법 (2002, 2004)	환경보호법(1986, 2014) 산림법(1992, 2015) 바다오염방지법(1997, 2014) 하천법(2002, 2013) 환경영향평가법(2005, 2007) 대동강오염방지법(2008, 2014)	명승지/천연기념물 보호법 (1995, 2011) 자연보호구법(2009, 2013) 원림법(2010, 2013) 수산법(2015)

○ 북한의 산림관리체계(윤여창 등, 2008)

- 1945년 10월 16일 : 토지 문제에 대한 결정
- 1946년 6월 4일 : 북조선 림시 인민위원회 림야 관리 경영에 대한 결정 채택, 산림을 국유화하고 산림조성과 보호육성에 대한 체계 수립
- 1977년 '조선민주주의인민공화국 토지법' 채택, 산림정책 법제화
- 1992년 12월 11일('조선민주주의인민공화국 산림법' 채택) : 산림경영관리의 전반적 문제들을 법적으로 공고화하는 한편 산림경영에 관한 규정, 조림 및 사방야계에 관한 규정, 산림 이용에 관한 규정을 비롯하여 수많은 규정 세칙을 내각 결정, 내각 지시를 비롯한 정부적 법규로 규제

---

78 바다오염방지법의 사명(제1조) : 바다오염방지사업에서 제도와 질서를 엄격히 세워 바다의 수질과 자원을 보호하는데 이바지

79 하천법의 사명(제1조) : 하천의 정리와 보호, 리용에서 제도와 질서를 엄격히 세워 하천을 종합적으로 리용하고 국토를 아름답게 꾸리는데 이바지

○ 북한의 보호림 제도(윤여창 등, 2008)

- 1946년 4월 6일 임시인민위원회 결정 제30호로 임야관리경영 결정서에서 삼림을 부흥·조성하기 위해 보안림을 지정(2조 10항), 애림사항 고취를 위한 도서 발간 및 강연회 개최(2조 11항), 합리적 벌채 계획을 수립하여 임상의 파괴를 방지하며(3조 4항), 입목벌채는 매년의 성장률이 벌채할 축적을 보충할 만한 범위 내에서 시행(8조)하며, 임야 관리령 위반자의 규정과 처벌(33조~51조)에 대해 언급

- 1949년 12월 30일 농림성규칙 제30호인 특별보호림에 대한 규칙 : 국토보안, 풍수해방지, 수원함양, 보건위행, 학술연구에 의의를 가진 산림을 특별보호림으로 설정하고(1조), 특별보호림내에서는 농림상의 허가 없는 채벌, 개간, 토석·수지·수피·수초근의 채취와 채굴 및 방목은 엄금한다고 규정하고 있음(2조)

- 1950년 1월 10일 내각결정 2호 : 산림관리에 관한 규정에서 산림 보호·육성과 산림자원의 축적 및 그 항속적 이용을 목적으로 산림관리위원회의 설치와 그 임무(2장) 및 특별 보호림의 설정(3장)에 관한 규정을 하여 보호

○ 북한의 해양관리체계

- 1986년 환경보호법 제정 : 주로 하천, 호소의 수질과 산림자원 대상으로 하고 있으며, 연안/해양 환경 관리 규정 미흡

- 바다오염방지법(1997년) 제정을 통해 연안/해양 환경을 관리하는 법률 체계 확보

※ 우리나라는 1977년에 해양오염방지법 제정

북한의 자연환경 관련 주요 법제[80]

조선민주주의인민공화국 토지법

○ '77년 4월 29일 최고인민회의 법령 제9호로 채택, 1999년 수정

○ 법령 주요 내용

　－ 제9조(토지소유) : 토지는 국가 및 협동단체의 소유(누구도 팔고 사거나 개인의 것으로 만들 수 없다)

　－ 제19조(토지보호) : 국가는 강하천 정리, 산림조성 등 토지보호 사업을 힘있게 벌려 토지류실을 막으며 나라의 물질적 부를 늘리고 인민들의 복리를 증진시킴

　－ 제25조(보호구역) : 국토관리기관은 강하천, 호소, 저수지와 제방을 비롯한 시설물을 보호하기 위하여 필요한 곳에 보호구역을 정한다. 보호구역 안에서는 강하천의 제방과 그 시설물을 못 쓰게 만들거나 보호 관리에 지장을 주는 행위 할 수 없음

　－ 제32조(산림 조성 및 보호) : 국토관리기관은 산림 조성과 보호 사업을 전군중적으로 조직진행하기 위하여 기관, 기업소, 학교, 단체에 담당구역을 설정. 기관, 기업소, 학교, 단체 및 공민들은 봄과 가을에 나무심기에 적극 참가하며 산림을 잘 보호관리하여 온 나라의 산을 푸른 락원으로 만들어야 함

조선민주주의인민공화국 국토계획법

○ '02년 3월 27일 최고인민회의 법령 제12호로 채택, 2004년 수정

○ 법령 주요 내용

---

80 장명봉 편, 2015

- 제1조(국토계획법의 사명) 국토계획의 작성과 비준, 실행에서 제도와 질서를 엄격히 세워 국토관리를 계획적으로 하는데 이바지함을 사명
- 제2조(국토계획의 분류) 국토계획은 국토와 자원, 환경의 관리에 관한 통일적이며 종합적인 전망계획임
- 제11조(국토계획작성에서 지켜야 할 원칙) 1. 부침땅을 침범하지 말아야 한다. 2. 도시규모를 너무 크게 하지 말아야 한다. 3. 해당 지역의 기후 풍토적 특성을 고려하여야 한다. 4. 경제발전 전망과 실리를 타산하여야 한다. 5. 국방상 요구를 고려하여야 한다. 6. 환경을 파괴하지 말아야 함
- 제16조(국토계획초안의 작성) 국토계획 초안에는 국토개발 전략과 혁명 전적지, 혁명 사적지의 보호, 부침땅과 산림, 하천, 호소, 바다의 리용, 자원개발, 도시와 마을의 형성, 휴양지구 개발, 산업지구와 하부구조의 건설, 자연환경의 조성과 보호, 국토정리와 미화사업 같은 것을 반영하여야 함

조선민주주의인민공화국 환경보호법

○ 1986년 채택, 2013년 수정 보충

○ 법령 주요 내용

- 제1장 환경보호의 기본원칙, 제2장 자연환경의 보존과 조성, 제3장 환경오염방지, 제4장 환경보호사업에 대한 지도통제
- 제3조 (환경보호원칙) 환경을 보호하는 사업은 사회주의건설에서 항구적으로 틀어쥐고 나가야 할 중요한 사업. 국가는 환

경보호관리에서 이룩한 성과를 공고발전시키며 공업을 비롯한 해당 경제부문이 현대적으로 발전하는데 따라 환경을 더 잘 보호관리하기 위한 대책을 세우고 이에 대한 투자를 계통적으로 늘림

- 제11조(자연보호구와 특별보호구 선정) : 환경보호를 위하여 생물권보호구, 원시림보호구, 동물보호구, 식물보호구, 명승지보호구, 수산자원보호구 같은 자연보호구와 특별보호구 정하도록 하고 있음

- 제14조(명승지, 천연기념물의 보호) : 기관, 기업소, 단체와 공민은 명승지와 관광지, 휴양지에 탄광, 광산을 개발하거나 환경보호에 지장을 주는 건물, 시설물을 짓는 것 같은 행위를 하지 말며 동굴, 폭포, 옛성터를 비롯한 천연기념물과 명승고적을 원상태로 보존하여야 함

- 제16조(자연생태계의 균형파괴행위금지) : 기관, 기업소, 단체와 공민은 야생동물과 수중생물을 파괴하거나 희귀종 및 위기종으로 등록된 동식물을 잡거나 채취하여 생태계의 보호, 생물다양성의 보존과 지속적리용에 지장을 주는 것 같은 행위를 하지 말아야 함

- 제17조(문화휴식터건설과 원림, 록지조성) :국토환경보호기관과 도시경영기관, 해당기관, 기업소 단체는 공원과 유원지를 곳곳에 현대적으로 꾸리고 정상적으로 관리운영하며 도로와 철길, 하천, 건물주변과 구획안의 빈땅이나 공동리용장소에 여러 가지 환경보호기능을 수행할 수 있는 좋은 수종의 나무, 화초, 잔디 같은 것을 심어야 한다. 기본철길보호구역밖의 좌우

20m구간의 토지에는 나무를 심고 양묘장으로 리용하여야 함

- 제19조(환경보호기준의 준수) 기관, 기업소, 단체는 환경보호한계 기준과 오염물질의 배출기준, 소음, 진동기준 같은 환경보호기준을 엄격히 지켜야 함(환경보호기준을 정하는 사업은 내각이 한다)

조선민주주의인민공화국 자연보호구법

○ 2009년 채택, 5장 43조로 구성

○ 법령 주요 내용

- 제2조(자연보호구 정의) : 자연보호구의 자연의 모든 요소들을 자연상태 그대로 보호하고 증식시키기 위하여 국가적으로 설정한 구역(원시림보호구, 동물보호구, 식물보호구, 명승지보호구 같은 것이 속함)

- 제4조(자연보호구의 설정원칙) : 환경보호의 요구에 맞게 자연보호구를 설정하고 그 수를 늘여나가도록 함

- 제5조(자연보호구의 조사원칙) : 자연보호구에 대한 조사체계를 정연하게 세우고 조사의 과학성, 시기성을 보장

- 제10조(자연보호구의 설정지역) : 1. 원시림이 퍼져있는 지역, 2. 동식물종이 집중 분포되어 있는 지역, 3. 특산종, 위기종, 희귀종 동식물이 있는 지역, 4. 특출한 자연경관의 다양성으로 이름난 지역

- 제17조(자연보호구의 중심지역, 완충구역 설정), 제18조(생태통로설정)

- 제27조(자연보호구관리계획) 5~10년을 주기로 작성하여 중앙국토환경보호지도기관의 승인을 받음

- 제20조(자연보호구의 조사사항) : 1. 지질, 지형, 토양, 기후 같은 자연지리적환경의 변화 상태, 2. 동식물의 종류와 구조, 분포상태, 이동정형, 3. 특산종, 위기종, 희귀종 동식물의 마리수와 분포상태, 4. 자연보호구에 나쁜 영향을 줄 수 있는 내외부적인 요인 등

조선민주주의인민공화국 원림법

○ '10년 11월 25일 최고인민회의 상임위원회 정령 제1214호로 채택
○ 법령 주요 내용
- 제2조(원림 정의) 원림은 사람들의 문화정서생활과 환경보호의 요구에 맞게 여러 가지 식물로 아름답고 위생문화적으로 꾸려놓은 록화지역이다. 원림에는 공원, 유원지, 도로와 건물주변의 록지, 도시풍치림, 환경보호림, 동식물원, 온실, 양묘장, 화포전 같은 것이 속함
- 제30조(원림관리구역안에서의 금지사항) 승인 없이 다음 행위를 할 수 없다. 1. 건물, 시설물을 건설하는 행위, 2. 나무를 베거나 수종을 바꾸거나 나뭇가지, 꽃을 꺾는 행위, 3. 나무와 잔디를 뜨거나 열매, 종자를 따는 행위, 4. 관상용 동식물을 잡거나 채집하는 행위, 5. 록지를 못쓰게 만드는 행위, 6. 원림관리시설물을 손상을 주는 행위, 7. 농작물을 심는 행위

조선민주주의인민공화국 명승지, 천연기념물보호법

○ '95년 채택, '11년 수정, 4장 44조로 구성

○ 법령 주요 내용

- 명승지, 천연기념물의 조사, 등록, 관리에서 제도와 질서를 엄격히 세워 명승지, 천연기념물을 보호하고 인민들의 문화생활과 건강증진을 보장하는데 이바지함을 사명

- 제2조(명승지, 천연기념물과 그 종류) : 아름다운 경치로 이름이 났거나 희귀하고 독특하며 학술교양적, 관상적가치가 큰 것으로 하여 국가가 특별히 지정하고 보호하는 지역이나 자연물(명승지에는 이름난 산과 호수, 폭포, 계곡, 동굴, 바다가, 섬 같은 지역이 천연기념물에는 특이한 동식물, 화석, 자연바위, 광천 같은 자연물이 속함)

- 제3조(명승지, 천연기념물을 통한 교양사업 강화원칙) : 올바른 명승지, 천연기념물보호정책에 의하여 수많은 명승지, 천연기념물이 보존되고 인민들의 문화생활과 교육교양사업, 과학연구사업 같은데 전적으로 리용

- 제4조(명승지, 천연기념물보호부문에 대한 투자원칙)

- 제6조(명승지, 천연기념물의 관리원칙) : 명승지, 천연기념물은 나라의 귀중한 자연재부이다. 국가는 명승지, 천연기념물의 관리체계를 세우고 그 관리를 과학화, 현대화하도록 함

- 제10조(명승지, 천연기념물의 조사방법) :명승지, 천연기념물보호지도기관과 해당 전문기관은 필요한 수단을 갖추고 명승지, 천연기념물에 대한 조사를 구체적으로 하여야한다. 이 경우 명승지의 지형도와 천연기념물의 위치도를 만들고 천연기념물을 사진으로 고착시켜야 함

- 제11조(명승지, 천연기념물의 조사내용) : 1. 명승지, 천연기

념물의 위치, 2. 명승지, 천연기념물의 력사적 유래, 3. 명승지, 천연기념물의 크기와 특성, 리용 또는 보존가치의 전망, 4. 명승지, 천연기념물이 있는 지대의 자연 지리적 상태, 5. 명승지안의 생태계에 대한 자료

- 제29조(산림자원의 보호), 제30조(동식물자원의 보호), 제33조(명승지, 천연기념물보호구역에서 환경보호질서 준수)

조선민주주의인민공화국 산림법

○ '92년 12월 11일 최고인민회의 법령 제9호로 채택, '12 수정보충

○ 법령 주요 내용

- 제3조(산림의 분류) : 산림은 그 사명에 따라 특별보호림, 일반보호림, 목재림, 경제림, 땔나무림으로 나눔

- 제10조(전망적인 산림조성) 산림조성은 나라의 번영을 위한 자연개조사업이다. 국토환경보호기관, 림업기관과 담당림 또는 조림구역을 가지고있는 기관, 기업소, 단체는 창성이깔나무 같은 좋은 수종의 나무와 상록수를 배합하여 산림면적을 끊임없이 늘이고 산림풍경을 개선하며 산림의 경제적효과성을 높이고 단위당 축적을 늘일 수 있도록 산림조성사업을 전망성있게 하여야 함

- 제27조(전형적인 산림생태지역 보존과 동식물자원보호) 국토환경보호기관은 자연보호림구에서 전형적인 산림생태지역을 보존하고 희귀한 동식물자원을 보호 증식시켜야 함. 자연보호림구가 아니라도 동식물자원을 보호 증식시킬 필요가 있을 경

우에는 입산금지구역을 정하고 일정기간 해당 산림구역에서 집짐승의 방목과 동식물의 사냥, 채취를 금지시킬수 있음

- 제42조(산림경영사업조건의 보장) 산림조성과 보호관리 부문의 로력, 설비, 자재, 자금은 다른데 돌려쓸 수 없음
- 제46조(원상복구, 벌금, 손해보상금, 몰수)

조선민주주의인민공화국 바다오염방지법

○ '97년 10월 22일 최고인민회의 상설회의 결정 제99호 채택, '99 수정

○ 법령 주요 내용

- 제1조 : 바다오염방지사업에서 규률과 질서를 엄격히 세워 바다의 수질과 자원을 보호하는데 이바지
- 제3조 : 국가는 바다의 일정한 수역을 특별히 보호하기 위하여 수질보호구역을 정함
- 제4조 : 수질보호구역에서는 바다를 오염시킬수 있는 탐사작업을 하거나 시설물을 설치하지 말아야 함
- 제11조 : 배의 종류와 톤수에 따르는 오염방지설비를 갖추어야 한다. 정해진 오염방지 설비를 갖추지 않은 배는 항해할 수 없음
- 제24조 : 바다를 오염시켰을 경우에는 원상 복구시키거나 벌금을 물리며 해당한 손해를 보상시킴

북한의 보호지역 지정 · 관리 체계[81]

북한의 보호지역 지정

○ 북한의 국토개발 정책[82]

  - 첫째 자연개조사업으로 외부에 의존하기 보다는 국토를 최대
    한 이용 (자력 갱생 바탕위에서 국내에서 이용 가능한 자원을
    최대한 활용하여 경제 운용)
  - 둘째 지역 간 균형 개발 및 군 단위의 개발을 통해 도시 · 농촌
    격차를 줄이고 균형발전
  - 마지막으로 경제건설과 국방건설 병행(중요성을 동등하게 보
    고 균형 있게 발전)

○ 북한의 보호지역 지정 흐름 및 제도변천[83]

  - (1946년) 북조선림시인민위원회 "보물, 고적, 명승, 천연기념
    물 보존령"으로부터 시작(백두산 식물보호구 설정)[84]

---

81 "한반도 보호지역 기초자료 구축 연구. 2018", "한반도 주요 보호지역 보전현황
   분석 연구. 2019""한반도 보호지역 발전방안 연구. 2020", "북한의 자연환경 보
   전 법제 및 보호지역 현황 고찰(환경생태학회지 35권 1호, 2021)" 내용을 토대
   로 작성

82 김영봉. 2007. 남북한 국토정책의 전개와 접경지역에서의 협력적 국토 이용전
   략. 월간국토. 통권 303호 : 117-129

83 북한 보호지역에 대한 총괄적인 자료가 미흡하여, 각 종 보고서 등에 언급된 단
   편적 정보 취합 정리

84 1959년 내각결정 제29호에 의하여 백두산자연보호구, 1976년 정무원결정55호
   로 백두산지구 중심부 1만4천정보가 자연보호구로, 1985년 백두산지구 전적지
   구역 1만5880정보가 백두산 혁명전적지특별보호구로, 1989년 13만2천정보가
   백두산국제생물권보호구로 설정 cf) 백두산은 고사리류이상 고등식물835종, 태
   선식물 274종, 190종 이상의 지의류와 370여종의 균류, 160여종의 조류 등이
   있으며, 짐승류(식충목, 박쥐목, 토끼목, 설치목, 식육목, 우제목) 54종, 새류 189

- (1986년 4월 9일)"조선민주주의인민공화국 환경보호법"에 따라 자연환경보호구와 특별보호구[85]로 구분, 보호구는 내각에서 지정[86]
- (1990년대) 거듭된 자연재해로 적지 않은 생태계 파괴 → 보호지역 관리와 새로운 보호구를 어떻게 설정 등이 중요한 문제로 제기
- (2009년 11월 25일) 조선민주주의인민공화국 자연보호구법 : 자연의 모든 요소들을 자연상태 그대로 보호하고 증식시키기 위하여 국가적으로 설정

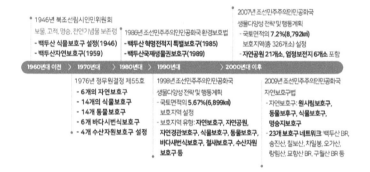

자연 보호지역 관리기관

○ 북한의 자연 보호지역은 국토환경보호성, 임업성, 문화재성, 과학원 등에서 관리하는 것으로 나타남
- 내각에 비상설 환경보호대책위원회 설치 : 환경보호사업전반

종, 파충류 6종, 량서류 7종이 분포

85 특별보호구는 항일혁명투쟁시기의 혁명전적지들과 조국이 해방된 다음 혁명사적지들에 설정

86 자연환경을 국가적으로 보존하기 위하여 자연환경보호구와 특별보호구를 두며(환경보호법 11조), 자연환경보호구와 특별보호구 안에서는 자연환경을 원상태로 보존하고 철저히 보호 관리하는데 지장을 주는 행위를 할 수 없다(환경보호법 12조).

에 대한 국가적 대책 토의

- 국토환경성에서 주요 자연 보호지역 관리, 과학원에서 조사연구 담당

북한의 보호지역 현황[87]

보호지역 지정 현황

○ 북한의 보호지역 현황

- 북한의 보호지역 현황에 따른 자료는 생물다양성협약(CBD)의
국가보고서 등 다양한 자료가 있으나, 자료의 완결성이 다소
미흡하여 일관된 통합자료 제시에는 한계가 있음

- 북한의 MAB위원에서 발간한 자료(조선민주주의인민공화국 마
브민족위원회, 2005)에 따르면 생물권보호구, 자연보호구, 자연
공원, 철새/바다새 보호구 등 총 327개소를 기술하고 있음

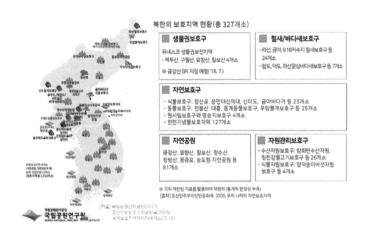

〈 북한의 자연환경 보호지역 현황 (국립공원연구원, 2018) 〉

---

87 생물다양성협약(CBD) 국가생물다양성전략/국가보고서, WDPA, 각종 보고서 자
료 참고 작성

- 세계보호지역데이터베이스(WDPA)를 기준으로 UN에서 발간하고 있는 각 국가별 보호지역 리스트에 따르면, 북한은 현재 (2018년) 34개의 보호지역이 기술되어 있음

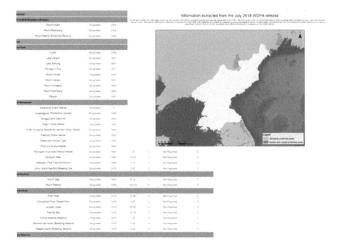

〈 세계보호지역데이터베이스(WDPA) 에 등재된 북한 보호지역 〉

○ 북한의 보호지역 현황 정보 중 명칭, 면적, 위치(시·군 또는 리 단위의 주소), 지정시기가 알려져 있는 곳은 "제1차 국가생물다양성전략 및 행동계획"에서 언급한 127개소의 보호지역이며, 공식적인 보호지역 경계 즉 면 단위의 공간정보는 제공되고 있지는 않음

○ 다만 국제적으로 인증된 보호지역이라고 할 수 있는 2018년 보호지역 UN-list(31개소), 유네스코 생물권보전지역 등재지 5개소, 람사르 습지 등재지 2개소의 위경도 좌표(점 단위의 공간정보)가 제공되고 있음

○ 최근(2018년) 생물권보전지역(Biosphere Reserve) 1개소(금강산), 람사르 습지 2개소(라선, 문독)가 새롭게 등재되었음

〈 북한의 국제보호지역 현황(2018 UN-list 포함) 〉

Classification			Name	Number
2018 UN-list*	II	National Park	Kuwol, Lake Jangjin, Lake Sohung, Monggum Port, Mount Chilbo, Mount Jangsu, Mount Kumgang, Mount Myohyang, Mount Myohyang, Pakyon	9
	III	Natural monument	Kangryong Crane Habitat, Kungangguks (Pentactina rupicola), Monggumpho Sand Hill, Ongjin Crane Habitat, Outer Kumgang Geoclemys veevesii (Gray) Habitat, Paechon Crane Habitat, Paektu-san Korean Tiger, Phanmun Crane Habitat, Ryongyon Crus vipio (Pallas) Habitat, Samjiyon Deer, Solbong-ri Pine Tree Community, Unmu Island Sea-Bird Breeding Site	12
	IV	Habitat/ Species Management Area	Mount Oga NR, Mount Paekdu NR, Chail Peak, Chongchon River (Sweet Fish), Jangsan Cape, Kosong Bay, Kumya Seaside (Botanic), Sonchon-rap Island (Breeding Seabird), Taegam Island (Breeding Seabird), Musudan	10
UNESCO Biosphere Reserve**			Mount Paekdu(1989), Mount Kuwol(2004), Mount Myohyang(2009), Mount Chilbo(2014), Mount Kumgang(2018)	5
Ramsar Wetland***			Mundok Migratory Bird Reserve(2018) Rason Migratory Bird Reserve(2018)	2

* UN. 2018. UN List of Protected Areas of DPRK.

** http ://www.unesco.org/new/en/natural-sciences/environment/ecological-sciences/%20%20%20%20%20biosphere-reserves/asia-and-the-pacific/

*** https ://rsis.ramsar.org/ris/2343, https ://rsis.ramsar.org/ris/2342

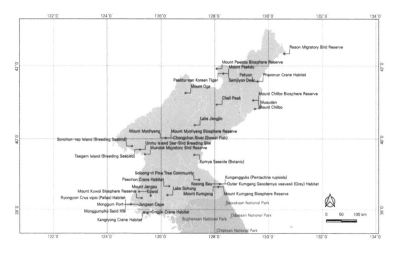

〈 북한의 보호지역 위치, 국립공원연구원(2019) 〉

보호지역 관련 생물다양성협약 국가보고서 내용

○ 생물다양성협약(CBD)에 제출한 북한의 "제1차 국가생물다양성
　전략 및 행동계획(NBSAP, 1998)[88]"에서는 북한 최초의 자연 보
　호지역으로 1954년 4월에 지정된 묘향산 자연보호구(1954)를
　소개[89]하고 있음

　─ 전체 보호지역 면적이 24,286㎢(북한 국토면적의 19.78%)이
　　고 이 중 자연보호구가 6,969.27㎢(국토면적의 5.68%)에 이

88 북한은 1994년 10월에 생물다양성협약의 정식 체약국이 되었으며, 세계환경기
　　금(GEF) 지원으로 작성

89 조선민주주의인민공화국 MAB 위원회(2005)에서 발간한 "우리나라의 자연보호
　　지역"에 따르면 북한의 보호구 설정역사를 1946년 4월 29일 북조선림시인민위
　　원회 공포 "보물, 고적, 명승 천연기념물보존령"으로 백두산식물보호구 설정을
　　그 시작으로 기술하고 있음.

르는 것으로 기술

- 북한 보호지역 목록으로 총 10개 유형[90] 127개소 기술

- 목록에 제시된 보호지역의 유형별 지정현황을 살펴보면 생물
  권보호구 1개소, 자연공원 21개소, 자연보호구 8개소, 경관보
  호구 24개소, 식물보호구 14개소, 동물보호구 14개소, 바다새
  보호구 6개소, 철새(습지) 보호구 12개소, 철새(번식지) 보호
  구 15개소, 수산자원보호구 12개소[91]

- 127개 보호지역의 지정 시기를 분석해보면 북한이 생물다양성
  협약에 가입한 이듬해인 1995년 가장 많은 57개소를 지정하
  였으며 그 다음으로 1976년 29개소[92]를 지정한 것으로 나타남

○ 2007년에 제출된 "제2차 국가생물다양성전략 및 행동계획"에서
  는 새롭게 지정된 보호지역으로 38개 지역의 목록과 함께 전체
  보호지역을 IUCN 보호지역 카테고리 분류시스템에 맞춰 보고하
  고 있음

- 총 326개소 8,792.75㎢(국토면적의 7.2%)

- 국가 보호지역 확대 목표로 2010까지 국토면적의 8%까지 확
  대할 것을 제시

---

90 생물권보호구, 자연공원, 자연보호구, 경관보호구, 식물보호구, 동물보호구, 바다
    새보호구, 철새(습지, 번식지)보호구, 수산자원보호구

91 이의 총 면적은 6,946.45㎢ 전술한 자연보호구 면적과 유사하나 다소 차이가 있음

92 조선민주주의인민공화국 MAB 위원회(2005)에서 발간한 "우리나라의 자연보호
    지역"에 따르면 정무원결정 제55호(1976년 10월 2일)에 의해 44개 보호지역을
    지정한 것으로 기술하고 있으나, 1998년에 발간한 국가전략에는 29개소만 목록
    에 나타남.

○ 북한의 생물다양성협약 제5차 국가보고서(2016)

- 전체 보호지역 현황에 대한 별도 기술은 없으며, 보호지역과 관련하여 "자연보호구법" 제정(2009년)과 안변지역에 두루미 보호구(63ha) 지정(2010년)을 강조하고 있음

- 기존 보호지역에 대한 지형도, 하천분포도, 식생도, 기후변화에 따른 식생변화 추정도의 작성과 새로운 보호구 네트워크 구축을 위한 생태적 격차(ecological gaps) 분석을 수행하여 23개 지역[93] 보호구 네트워크(regional reserve networks)를 설계하였음을 기술

- 연안·해양지역의 10% 보호지역 목표 성취를 위해 영해(12해리 이내)에 15개 수산자원특별보호구를 중심으로 2,200㎢의 연안·해양 보호구 지정을 계획하고 논의 중임을 밝히고 있음

---

93 Mt. Paektu BR Network, Songjinsan Reserve Network, Mt. Chilbo Reserve Network, Chail Peak Reserve Network, Mt. Oga Reserve Network, Mt. Rangrim Network, Mt. Myohyang BR Network, Mt. Kuwol BR Network, Mt. Chuae Reserve Network, Mt. Taegak Reserve Network, Mt. Kumgang Reserve Network 등

자연환경 분야 대북협력 여건 및 동향

남북 교류협력 관련 법제도[94]

남북교류협력에 관한 법률

○ "남북교류협력에 관한 법률"은 1990년 8월에 제정되었으며, 군사분계선 이남지역과 그 이북지역 간의 상호 교류와 협력을 촉진하기 위하여 필요한 사항을 규정함으로써 한반도의 평화와 통일에 이바지하는 것을 목적으로 하고 있음

○ 북한의 "북남경제협력법"은 2005년 채택되었으며, 남측과의 경제협력에서 제도와 질서를 엄격히 세워 민족 경제를 발전시키는 데 기여

○ 남과 북한 간의 거래를 민족내부의 거래로 보는 특징을 보임(북한은 전민족의 리익, 민족경제의 균형적 발전 보장 등)

○ 협력사업에 자연환경을 포함한 환경협력에 관한 내용을 담고 있지는 않으며, 추진협의회의 구성에 있어서도 환경관련부처의 참여를 언급하고 있지 않음

○ 북한의 경우 북남경제협력과 관련한 비밀을 준수하는 조항(제23조 : 북남경제협력내용의 비공개), 협력금지대상(주민건강과 환경보호 저해 등)을 포함하고 있음

---

94 "한반도 보호지역 기초자료 구축 연구. 2018", "한반도 주요 보호지역 보전현황 분석 연구. 2019""자연환경분야 남북협력 증진방안연구(환경생태학회지 34권 5호, 2020)" 내용을 토대로 보완·정리

	남북교류협력에 관한법률 2014	조선민주주의인민공화국 북남경제협력법 2005
정의	제2조 4. "협력사업"이란 남한과 북한의 주민(법인·단체를 포함한다)이 공동으로 하는 문화, 관광, 보건의료, 체육, 학술, 경제 등에 관한 모든 활동을 말한다.	제2조 북남경제협력에는 북과 남 사이에 진행되는 건설, 관광, 기업경영, 임가공, 기술교류와 은행, 보험, 통신, 수송, 봉사업무, 물자교류 같은 것이 속한다.
관리 기관	제4조 남북교류협력 추진협의회의 설치 제5조 협의회의 구성(18명 이내의 위원, 위원장 통일부 장관) 제8조 실무위원회 구성	제5조(지도기관) 중앙민족경제협력 지도기관이 한다.
협력 원칙	제12조(남북한 거래의 원칙) 남한과 북한 간의 거래는 국가 간의 거래가 아닌 민족내부의 거래로 본다.	제4조(북남경제협력원칙) 북남경제협력은 전민족의 리익을 앞세우고 민족경제의 균형적 발전을 보장하며 호상존중의 신뢰, 유무상통의 원칙에서 진행한다.
검사 검역	제23조 ① 북한에서 오는 수송장비와 화물 및 사람은 검역조사(檢疫調査)를 받아야 한다.	제14조(검사, 검역) 북남경제협력당사자 또는 해당 수송수단은 통행검사, 세관검사, 위생검역 같은 검사와 검역을 받아야 한다. 북남당국사이의 합의가 있을 경우에는 검사, 검역을 하지 않을 수도 있다.
지원	제24조(남북교류·협력의 지원) 정부는 남북교류·협력을 증진시키기 위하여 필요하다고 인정하면 이 법에 따라 행하는 남북교류·협력을 위한 사업을 시행하는 자에게 보조금을 지급하거나 그 밖에 필요한 지원을 할 수 있다.	제16조(재산이용 및 보호) 북남당사자는 경제협력에 화폐재산, 현물재산, 지적재산 같은 것을 리용할 수 있다. 투자재산은 북남투자보호합의성에 따라 보호된다.
기타		제8조(협력금지대상) 사회의 안전과 민족경제의 건전한 발전, 주민들의 건강과 환경보호, 민족의 미풍량속에 저해를 줄수 있는 대상의 북남경제협력은 금지한다.
		제23조(북남경제협력내용의 비공개) 해당기관, 기업소, 단체는 북남경제협력과 관련한 비밀을 준수하여야 한다. 북남경제협력과 관련한 사업내용은 상대적측 당사자와 합의 없이 공개할 수 없다.

자연환경 분야 남·북 협력여건[95]

기존 환경협력 관련 남·북간 합의사항

○ 7.4 남북공동성명(1972. 7. 4., 평양)

　– 이후락(중앙정보부장), 김영주(조직지도부장)

　– 조국통일 원칙에 합의(자주적 해결, 평화적 방법으로 실현, 하
　　나의 민족으로서 민족적 대단결 도모)

　– 남북 긴장상태를 완화하고 신뢰의 분위기 조성을 위해 상대방
　　을 비방하지 않으며, 무장도발을 하지 않으며 불의의 군사적
　　충돌 방지를 위한 적극적인 조치)

　– 민족적 연계를 회복하며 서로의 이해를 증지시키고 자주적 평화
　　통일을 촉진하기 위해 남북사이에 다방면적인 제반교류를 실시

　– 남북적십자회담, 서울–평양 직통전화, 남북조절위원회 구성·
　　운영 등

○ 남북사이의 화해와 불가침 및 교류·협력에 관한 합의서(1991.
　12. 13.)

　– 정원식(국무총리, 남북고위급회담 수석대표), 연형묵(정무원
　　총리, 북남공위급회담 단장)

　– 제1장 남북화해, 제2장 남북불가침, 제3장 남북교류협력, 제4
　　장 수정 및 발효

　– 제3장 남북교류협력 : 제15조(자원의 공동개발, 물자교류, 합
　　작 투자 등 경제교류와 협력 실시), 제16조(과학기술, 교육, 문

---

95 환경부·국립공원공단(2018) "자연환경분야 남북협력방안 연구""자연환경분
　야 남북협력 증진방안연구"(환경생태학회지 34권 5호, 2020) 자료를 토대로 보
　완·정리

학 예술, 보건, 체육, 환경과 신문, 라디오, 텔레비전 및 출판물을 비롯한 출판 보도 등 여러 분야에서 교류와 협력 실시), 제17조(민족 구성원들의 자유로운 왕래와 접촉을 실현), 제18조(이산가족의 자유로운 서신거래와 왕래/상봉/방문 실시 등), 제19조(철도와 도로 연결, 해로/항로 개설), 제20조(우편/정기통신교류에 필요한 시설 설치/연결, 우편 전기 통신 교류의 비밀 보장), 제21조(국제무대에서 경제와 문화 등 여러분야에서 서로 협력하며 대외에 공동으로 진출), 제22조(남북경제교류협력공동위원회를 비롯한 부문별 공동위원회 구성·운영), 제23조(남북 교류·협력 분과위원회 구성 등)

- 제3장 교류협력 관련 부속합의서(1992.9.17.) : 제1장 경제교류·협력, 제2장 사회문화교류·협력, 제3장 인도적 문제의 협력 등, 제2조(과학·기술, 환경분야에서 교류협력 실현, 1항 : 과학·기술, 환경분야에서 정보자료의 교환, 해당 기관과 단체, 인원들 사이의 공동연구 및 조사, 산업부문의 기술협력과 기술자, 전문가들의 교류를 실현하며 환경보호대책을 공동으로 세운다)

○ 남북공동선언(2000. 6. 15., 평양)

- 김대중 대통령, 김정일 국방위원장
- 1. 통일문제의 자주적 해결, 2. 남측 연합제_안과 북측 낮은 단계의 연방제_안이 서로 공통성이 있다고 인정하고 이 방향에서 통일을 지향, 3. 인도적 문제(이산가족, 장기수 문제)의 조속한 해결, 4. 경제협력을 통한 균형적 발전과 사회, 문화, 체육, 보건, 환경 등 제반분야의 협력과 교류를 활성화하여 서로의 신뢰구축, 5. 합의사항의 조속한 실천을 위한 당국대화 개최 등

○ 남북관계 발전과 평화번영을 위한 선언(2007.10. 4. 평양)

- 노무현 대통령, 김정일 국방위원장
- 6.15 공동선언에 기초하여 남북관계를 확대·발전시켜 나가기
위한 선언
- 1. 6.15공동선언 고수/적극 구현, 2. 상호존중과 신뢰관계로
확고히 전환, 3. 군사적 적대관계 종식, 4. 현 정전체제를 종
식시키고 항구적인 평화체제를 구축, 5. 민족경제의 균형적 발
전과 공동의 번영을 위한 경제협력사업의 지속적 확대(서해평
화협력특별지대(공동어로구역과 평화수역) 설치, 경제특구건
설과 해주항 활용, 민간선박의 해주직항로 통과, 한강하구 공
동 이용 등 적극 추진, 개성공업지구, 철도/도로 개보수, 농업/
보건의료, 환경보호 등 여러 분야에서의 협력사업 진행), 6. 민
족의 유구한 역사와 우수한 문화를 빛내기 위해 역사, 언어, 교
육, 과학기술, 문화예술, 체육 등 사회문화 분야의 교류와 협력
발전, 7. 인도주의적 협력사업 적극 추진, 8. 국제무대에서 민
족의 이익과 해외 동포들의 권리와 이익을 위한 협력 강화 등

○ 남북보건의료·환경보호협력분과위원회 제1차 회의
(2007.12.21.) 합의서

- 남북보건의료·환경보호협력분과위원회 : 문창진(남측 위원
장), 리봉훈(북측위원장)
- 남과 북은 보건의료·환경보호·산림분야 협력을 적극 추진해
나가기로 합의
- 백두산 화산 공동연구사업과 관련한 협력 사업을 적극 추진
- 황사를 비롯한 대기오염 피해를 줄이기 위해 평양지역에 대기

오염 측정시설 설치·확대

- 환경보호센터와 한반도 생물지 사업이 중요하다는데 인식을 같이 함
- 양묘생산능력과 조림능력강화를 위한 산림녹화협력사업을 단계적으로 추진
- 산림병해충 피해를 막기 위한 조사와 구제를 공동으로 진행 등

○ 판문점 선언(2018. 4. 27., 판문점)

- 문재인 대통령, 김정은 국무위원장
- 완전한 비핵화를 통한 핵 없는 한반도 실현, 남북관계개선과 연내 종전선언, 정전협정을 평화협정으로 전환하기 위한 남·북·미 정상회담 개최 추진 등의 내용을 담고 있음
- 남북관계 개선 : 앞서 채택된 남북 선언들을 이행하고 남북 간 협력을 위해 남북공동연락사무소를 개성지역에 설치, 이산가족 상봉 진행
- 남북 경제협력 : 동해선과 경의선 철도 및 도로를 연결하고 현대화
- 남북한 군사적 긴장상태 완화 : 일체의 적대행위 중단, 서해 북방한계선 일대를 평화수역

○ 남북 산림협력 분과 회담(2018. 7. 4.)

- 산림 조성과 보호를 위한 문제 협의 및 단계적 추진

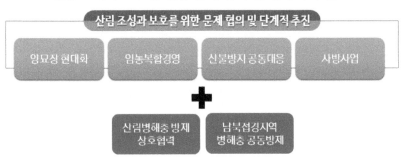

○ 평양 공동선언문(2018. 9. 19.)

　– 남과 북은 상호호예와 공리공영의 바탕위에서 교류와 협력을 더욱 증대시키고, 민족경제를 균형적으로 발전시키기 위한 실질적 대책들을 강구해나가기로 함

　– 총 6개 분야(제1조 군사적 적대관계종식, 2조 민족경제 균형 교류협력 증대, 3조 인도적 협력(이산가족), 4조 문화예술 협력, 5조 비핵화, 6조 위원장 서울방문)

　– 남과 북은 조건이 마련되는 데 따라 개성공단과 금강산관광 사업을 우선 정상화하고, 서해경제 공동특구 및 동해관광 공동특구를 조성하는 문제를 협의해 나가기로 함

　– 남과 북은 자연생태계의 보호와 복원을 위한 남북 환경협력을 적극 추진하기로 하였으며, 우선적으로 현재 진행 중인 산림분야 협력의 실천적 성과를 위해 노력하기로 함

국제사회 대북 제재 현황

○ UN 안보리 제재

　– 2006년 북한의 1차 핵실험 이후 대북 경제제재 관련 UN 안보리 결의안(UNSCR : UN Security Council Resolution)은 총 10차례 채택

　– 2016년부터 제재의 초점이 경제일반에 대한 타격으로 바뀌고 있음(안보리 제재 2270호부터 경제일반에 영향을 끼치는 방향으로 제재의 성격이 변화)

　– 2016년 이후 6차례 안보리 대북제재에서 북한의 주요 수출품

에 대한 제재를 단계적으로 강화(북한으로부터의 수입뿐 아니
라 북한으로의 연료 수출 역시 단계적으로 제한)

‐ 북한의 노동자 파견 및 경협 금지 등 무역 외 외화획득 통로 차단

‐ UNSCR 2397(2017.12.22., IBCM 미사일 발사 이후) : 해외
운송 제재 강화, 북한 해외노동자 24개월내 송환, 제재대상 지
정 확대, 대북 유류 공급 제한(민생목적 허용하되 총량(4백만
배럴) 제한, 정제유금지‐민색목적 허용(매30일마다 안보리 보
고, 총량은 '18.년부터 연간 50만배럴), 북한의 식료품·농산
품·기계류·전기기기·광물 및 토석류·목재류·선박 수출
금지, 조업권 거래 금지 명확화, 대북 산업용 기계류·운송수
단·철강 및 여타 금속류 수출 금지

○ 양자 제재

‐ 미국[96]은 이란·러시아·북한 제재 현대화법 제정(2017. 08.),
재무부 제재 대상 확대 발표, 대통령 행정명령 발표(2017.
09.) 등을 통해 북한과 거래하는 제3국 기업 또는 개인도 제재
대상에 포함(대북 원유 제공/북한 노동력 고용, 북한 어장에
대한 입어료 제공은 2차 제재 대상에 해당)

‐ 한국은 2008년 7월 금강산 관광 중단, 2010년 5.24 조치,
2016년 2월 개성공단 폐쇄로 현재 전면 금수조치 시행 (공식
적인 남북경협은 전무, 중국을 통한 우회무역 형태의 임가공
무역이 지속되어 온 것으로 추정)

---

96 2008년 이후 북한을 특정한 행정명령 6번

한반도 신경제지도 구상 및 경제통일 구현

○ 목표 : 남북 간 경협 재개 및 한반도 신경제지도 구상 추진, 남북한 하나의 시장협력을 지향함으로써 경제 활로 개척 및 경제통일 기반 구축

○ (한반도 신경제지도 구상 실행) 3대 벨트 구축을 통해 한반도 신성장동력 확보 및 북방경제 연계 추진

- 동해권 에너지·자원벨트 : 금강산, 원산·단천, 청진·나선을 남북이 공동개발 후 우리 동해안과 러시아를 연결

- 서해안 산업·물류·교통벨트 : 수도권, 개성공단, 평양·남포, 신의주를 연결하는 서해안 경협벨트 건설

- DMZ 환경·관광벨트 : 설악산, 금강산, 원산, 백두산을 잇는 관광벨트 구축 및 DMZ를 생태·평화안보 관광지구로 개발

- (남북한 하나의 시장) 민·관 협력 네트워크를 통해 남북한 하나의 시장 협력 방안을 마련하고, 여건 조성 시 남북 시장협력을 단계적으로 실행 하여 생활공동체 형성

- (남북경협 재개) 남북경협기업 피해 조속 지원을 실시하고, 남북관계 상황을 감안하여 유연하게 민간경협 재개 추진, 여건 조성 시 개성공단 정상화 및 금강산 관광을 재개하고, 남북공동 자원 활용을 위한 협력 추진

- (남북접경지역 발전) 통일경제특구 지정·운영, 남북 협의를 통해 남북 접경지역 공동관리위원회 설치, 서해 평화협력특별지대 추진 여건 조성

– 기대효과 : 남북경협 활성화로 통일 여건 조성 및 고용창출과
경제성장률 제고, 동북아 경제공동체 추진으로 한반도가 동북
아지역 경협의 허브로 도약

자연환경분야 국제협력 사례(대북지원사업)[97]

○ 한국의 북한에 대한 원조를 제외하고, 1973년부터 2011년까지
북한에 대한 국제사회의 원조 약정총액(Commitments)은 약 26
억불에 해당하는 것으로 파악(미국 7억 8천 9백만불, 유럽연합
6억 1천 3백만불, UN관련기구 총 1억 7천 1백만불, 독일 1억 6
천 2백만불, 스위스 1억 3천 2백만 불, 그 외 국가 7억 4천 3백
만불 원조 수행)[98]

– 2005~2010년 동안 미국, 노르웨이, 스웨덴, 스위스, 핀란드,
독일, 호주 등이 대북원조에서 주도적인 역할을 수행하였으며,
그리스, 덴마크, 캐나다, 스페인, 오스트리아 등이 새롭게 대
북원조를 증가 시킴(윤영관 등. 2015)

○ 국제기구를 통한 대북원조의 경우 유럽공동체(EC : European
Community)는 인도적 지원과 식량 지원 등에 집중해 온 반면, GEF
와 UNDP는 교육 및 정부/비 정부 분야에 대한 지원, 경제 인프라에
대한 지원, 산업생산에 관한 지원에 초점(윤영관 등. 2015)

---

97 "자연환경분야 남북협력방안 연구. 2018"내용을 토대로 정리

98 윤영관 · 전재성 · 김상배 엮음. 2015. 네트워크로 보는 세계속의 북한. ㈜늘품플
러스 P.232

지구환경기금(GEF) 지원 사업

○ 주요 사업 : 1)생물다양성협약(CBD) 국가 전략 수립 및 갱신 (E), 2)묘향산 자연보호구의 생물다양성보호대상계획(M), 3)조선서해연안 생물다양성 관리대상계획(M)[99]

○ 생물다양성협약(CBD) 국가전략수립 사업

사업명칭(주제)	1) 생물다양성협약 국가 전략 수립 및 갱신 2) 묘향산 자연보호구에서의 생물다양성보호대상계획 3) 조선서해연안 생물다양성관리대상계획
협력 유형	국제기구 지원
협력 메커니즘	지구환경기금(GEF)의 기금 지원
실행 기관 (협력파트너)	1) UNDP, UNEP , 2) UNDP , 3) UNDP
사업기간	1) 1997년(최초 수립) / 2006(갱신) 2) 2000. 4.~2004. 3. 3) 2004. 1.~2007. 3.
북한 내 관련 기관 (단체)	국가환경보호위원회 - 협력 : 국토환경보호성, 국가과학원
국내(국제) 담당 기관(단체)	
예산	아래 사업개요 표 참조

---

99 M : Medium-sized Project - 2백만불 이하 사업기금 - E : Enabling Activity
- 협약 이행을 위한 계획, 전략, 보고서를 준비하기 위한 수단

협력사업 내용	○ 북한의 GEF Focal Point는 국가환경보호위원회(NCCE) 이 며, 북한 내 GEF 기구로는 UNDP, UNEP가 있음 ○ 북한에 지원된 국가사업은 총 8건임. 그 중에서 생물다양 성 분야 사업이 4건임. 2건은 생물다양성협약 국가 전략 수 립 및 갱신을 위한 소규모 사업이고, 나머지는 서해 연안 생물다양성 관리, 묘향산 생물다양성 관리에 관한 중규모 (Medium-sized) 사업임 ○ 이외에 아시아 지역(Asian Regional)사업 5개 참여. UNDP 가 실행기구로 추진한 아시아 지역 협력사업으로, 주로 해양 분야 사업이며 한국이 함께 참여한 사업들도 있음. - 두만강하구지역, 연안지역 및 관련 동북아시아 환경을 위한 전략행동계획(SAP) 및 월경진단분석(TDA) 개발 (1998~2001년, 한국 참여) - 동아시아해역의 환경 보호 및 관리를 위한 파트너십 구축 (1999~2006년, 한국 참여) - 동아시아 해역 지역 : 공공 및 민간의 환경투자 파트너십 개 발과 실행 (2004~2009년) - 아시아의 저비용 온실가스 저감전략, 동아시아 해역의 해양오 염 예방 및 관리 (1992~2006년, 한국 참여)
사업 특성 및 기타사항	○ 최근 국제적 대북제재로 GEF 등 국제기구의 지원을 받기 어 렵게 됨. 북한 관련 정치상황의 영향을 크게 받음
시사점	○ GEF의 중규모 지원사업은 최대 2백만불, 지원금액이 큰 편임. 큰 전략 사업을 중장기적으로 추진할 수 있는 사업을 개발할 수 있음 ○ 향후 대북 경제제재가 완화되면 큰 규모의 사업을 지원받는데 활용 가능. 우리 정부와 관련 전문연구기관은 UNDP, UNEP 등 GEF 파트너 기관들과 협력하여 북한의 GEF 사업 개발이 용이하도록 지원. 특히 사업 목표와 세부내용이 남북한 자연환 경협력 부문이나 한반도 자연환경 보전 목표가 포함될 수 있도 록 노력
사례조사 자료	○ 지구환경금융(GEF) 홈페이지 https ://www.thegef.org/about/funding https ://www.thegef.org/country/korea-dpr https ://www.thegef.org/projects?f[]=field_country :86

○ 북한이 지원받은 GEF 국가사업

사업명	승인 년도	분야	관계기관	유형	GEF Grant ($)	Cofinancing ($)	Status
Updating of NBSAP, Preparation of 2nd National Reports, and Establishment of a National Clearing House Mechanism (CHM)	2006	Biodiversity	UNEP / NCCE (National Coordinating Committee for Environment)	Enabling Activity	130,000	75,000	Project Approved
National Capacity Needs Self-Assessment for the Global Environment Management - DPR Korea	2004		UNEP / NCCE	Enabling Activity	200,000	46,000	Project Approved
Small Wind Energy Development and Promotion in Rural Areas (SWEDPRA)	2005 (2013 년 4월 사업완 료)	Climate Change	UNDP / UNOPS	Medium-size Project	725,000	695,000	Completed
Preparation of the POPs National Implementation Plan Under the Stockholm Convention	2004	Persistent Organic Pollutants	UNDP / NCCE	Enabling Activity	451,600	105,200	Project Approved
Coastal Biodiversity Management of DPR Korea's West Sea	2002	Biodiversity	UNDP / NCCE (국토 환경보호성, 과학원 협력)	Medium-size Project	774,523	540,990	Project Approved

Conservation of Biodiversity at Mount Myohyang	2000 (2004년 3월 사업완료)	Biodiversity	UNDP / UNOPS	Medium-size Project	750,000	914,300		Completed
Enabling Korea DPR to Prepare its First National Communication in Response to its Commitments to UNFCCC	1997 (1997년 12월 사업완료)	Climate Change	UNDP / 국토환경보호성	Enabling Activity	154,200	0		Project Approved
National Biodiversity Strategy & Action Plan and Report to the COP	1997 (1997년 12월 사업완료)	Biodiversity	UNDP / NCCE	Enabling Activity	299,250	0		Project Approved

유럽연합(EU) 대북지원 사업

○ 사업 개요

사업명칭(주제)	유럽연합(EU)의 대북지원 사업을 통한 역량강화 프로그램
협력 유형	세미나, 워크숍, 국내외 연수 등
협력 메커니즘	대북 인도적 지원사업
실행 기관 (협력파트너)	한스자이델재단 (Hanns Seidel Foundation Korea : HSF)
사업기간	2014년부터 (계속)
북한 내 관련 기관 (단체)	국토환경보호성 산하 산림과학원 산림경영학연구소
국내(국제) 담당 기관(단체)	한스자이델재단(HSF)

○ 협력사업 내용 : 역량강화 프로그램(세미나, 워크숍, 국외연수 등)

협력사업 내용	○ 산림 벌채의 영향을 받는 농촌지역 경제활성화 도모를 위한 80ha의 조림지가 평안남도 대동군 상서리에 조성되었음. – 사업명 : 건강한 숲을 이용한 농촌생활환경 개선 –북한의 지속가능한 산림관리를 위한 교육 센터 설립 (2014. 9. ~ 2017. 10.) ○ 국제세미나, 현지 워크숍과 산림분야 국제협력을 위한 역량강화 교육과 연수 실시 – 독일 산림 전문가들과의 교류, 몽골과 중국에서의 연수가 진행 – 지리학적 위치와 기후 조건이 비슷한 몽골과 중국에서의 연수를 통하여 산림자원조사, 산림병해충 방제 방법 등을 포함한 산림관련 지식을 습득하고, 양묘장과 재조림 시범지역에서의 현장조사 진행 – 친환경제품을 생산하는 중국 기업에 방문하여 황폐화 지역에서 토양 침식과 산사태 방지할 수 있는 제품의 사용법과 생산과정을 확인하고 북한 현지에 적용할 수 있는 방법에 대해 논의 ○ EU 대북지원 사업을 통한 HSF의 역량강화 프로그램들 • 1차 국제세미나(2015. 5.): HSF와 파드레 타실리오 랭어(PadreTassilo Lengger) 신부가 파종 조림(cluster afforestation)에 관해 북한의 산림관리 연구기관 전문가 40여명을 평양에서 교육 • 1차 몽골 연수(2015.9.): HSF와 북한 MoLEP, FMRI, 조선–유럽연합협력조정처(KECCA) 관계자들과 함께 몽골에서 산림관리 방법과 연구결과, 협력 메커니즘 등에 관한 연수 진행 • 2차 국제세미나(2016. 3.): HSF와 독일의 산림전문가 양묘장과 묘목 분배에 관해 북한 산림 전문가들에게 평양에서 교육 및 대상지(평안남도 대동군 상서리) 방문 • 1차 중국연수(2016. 6.): HSF가 북한 산림 관계자들과 함께 중국에서 토양 침식과 산사태 방지, 양묘장 기술, 병해충 방제 기술 등에 관한 연수 진행 • 2차 몽골연수(2016. 6.): HSF가 북한 산림 관계자들과 함께 몽골에서 국가산림조사에 관한 연수 진행 • 3차 국제세미나(2016. 7.): HSF와 유럽의 산림전문가가 국가산림자원조사에 대해 북한 산림 전문가들에게 평양에서 교육 및 대상지(평안남도 대동군 상서리) 방문 • 4차 국제세미나(2017. 3.): HSF와 뮬러 교수(Prof. Müler)가 산림 병해충과 통합적 관리에 대해 북한 산림전문가 70여명을 평양에서 교육, 대상지와 중앙양묘장 방문

사업 특성 및 기타사항	○ HSF는 국토환경보호성 산하 산림과학원 산림경영학연구소와 협력관 계를 바탕으로 북한 산림복구 지원을 위한 재조림 사업에 기여하고, 북한을 국가간 협력체제에 편입시키고 북한과 국제기구들간의 교류 강화를 목표로 함 ○ 현재 진행 중인 EU 대북지원 사업의 경우 대부분 소규모 지역 단위로 진 행되고 있으며, 세미나, 연수, 관련 기술 도서 출판 등 역량발전에 중심을 두고 있음. 대부분 국토환경보호성, PIINTEC 등을 포함한 북한 현지 파트 너와 신뢰관계가 구축되면서 역량강화를 위한 교류를 지속하고 있음.
시사점	○ 북한은 환경문제 해결을 위한 기술과 관련 지식이 부족한 상황으로, 최신 정보.기술과 사례를 배우고 도입하는 역량형성에 대한 관심이 매 우 큼. 환경을 비롯한 각 분야의 최신 정보기술과 지식의 습득, 전문 인력 교육.양성을 위한 지원사업을 국제기구를 통한 다자간협력이나 국가별 대북 원조사업으로 요청해 왔음. 자연.생물다양성 관련 보고서 에서도 북한의 일부 보호지역에는 생물다양성 프로그램을 실행하거나 모니터링할 수 있는 훈련된 인력이 부족한 실정이라고 언급하고 있으 며(MOLEP, 2012), 신기술 확산이 생물다양성 보전에 매우 중요하다 고 강조하고 있음(NCCE, 2014) ○ 역량강화를 위한 교류와 지식공유는 대북지원의 정치적 위험을 최소화 하고 지속가능한 지원을 할 수 있는 인도적 지원에 해당함. 정치상황에 크게 좌우되지 않으면서 안정적·중립적으로 추진할 수 있는 사업의 유 형으로서 대북사업의 주요 접근전략의 하나로 가져가야 할 것임 ○ 동 사례의 경우, 선진국(예: 독일) 뿐만 아니라 지리, 기후 조건이 유 사한 국가(몽골, 중국)에서 연수과 같이 북한과 유사한 상황에 있는 국가들에서 연수를 추진하여 교육의 효과성을 높임
사례조사 출처	최현아, 젤리거 베른하르트 (2017). 북한 환경문제 해결을 위한 협력 방안 – 유럽연합(EU) 지원 사업이 주는 시사점을 중심으로 –. 통일연구 제21 권 제1호. Ministry of Land and Environment Protection (MOLEP), DRP Korea (2012). Environment and Climate Change Outlook National Coordinating Committee for Environment (NCCE), DPR Korea (2014). 5thNationalReportonBiodiversityofDPRKorea

유네스코(UNESCO) 대북지원 사업

○ 주요 사업 : 북한 생물권보전지역 자연자원연구 지원

- 우리나라 환경부에서는 EABRN(동북아생물권보전지역 네트워

크) 설립 초기부터 매년 20,000달러를 지원하다가, 2000년부터 훈련과정 프로그램을 포함하여 35,000달러로 증액, 2012년부터는 매년 50,000달러 지원(이러한 EABRN 지원 금액에는 북한지원·협력 관련 예산을 포함하고 있음)

※ EABRN은 동북아 생물권보전지역 공동연구를 위해 1995년 설립된 이후, 현재 한국, 북한, 중국, 일본, 몽골, 러시아, 카자흐스탄 등이 참여하며, 환경부가 유네스코한국위원회를 통해 신탁기금을 제공하는 등 동아시아 협력 네트워크의 중추적 역할을 수행하고 있음

○ 사업 개요

사업명칭(주제)	북한 생물권보전지역 자연자원연구 지원사업
협력 유형	유네스코 신탁기금
협력 메커니즘	유네스코 인간과생물권프로그램(MAB)
실행 기관 (협력파트너)	유네스코(베이징사무소)
사업기간	2014년 ~ 2015년
북한 내 관련기관(단체)	조선과학원
국내(국제) 담당기관(단체)	MAB한국위원회
예산	총126,440달러(사업당 25,288달러)

○ 주요 사업내용

<table>
<tr><td rowspan="9">협력사업 내용</td><td colspan="3">○ 북한 생물권보전지역 자연자원 연구지원사업</td></tr>
<tr><td>구분</td><td>사업명</td><td>비고</td></tr>
<tr><td>1차</td><td>북한의 멸종위기 야생동식물 및 희귀동물의 보전상태 조사</td><td>완료</td></tr>
<tr><td>2차</td><td>묘향산 생물권보전지역의 현장조사 및 친환경역량 강화</td><td>완료</td></tr>
<tr><td>3차</td><td>화산분출과 기후변화에 따른 백두산 생물권보호지역의 변화</td><td>보류</td></tr>
<tr><td>4차</td><td>생물권보전지역 내 산림생태계 기후변화영향 측정</td><td>보류</td></tr>
<tr><td>5차</td><td>구월산 생물권보전지역 해안습지의 생물다양성 평가</td><td>보류</td></tr>
<tr><td colspan="3">○ 추진 체계</td></tr>
<tr><td colspan="3">(사업비 지원) MAB한국위원회 ▶ (사업비 집행 및 관리) 유네스코 베이징사무소 ▶ (사업 시행) MAB북한위원회</td></tr>
</table>

사업 특성 및 기타사항	국제기구인 유네스코를 통해 북한 생물권보전지역 등 보호지역 관련 조사 · 연구를 지원하여 한반도 생물다양성 정보 구축에 기여하는 것을 목적으로 함(북한의 생물다양성 보전과 지속가능발전 기반 마련 기여) 당초 2014년부터 2019년까지 5년간 지원하는 사업이었으나, 남북관계 경색으로 3차 사업비부터 지원 보류
시사점	북한의 멸종위기종 등에 대한 조사 및 모니터링을 통해 한반도 고유 생물종 정보의 통합관리 및 교류 · 협력 기반 마련
사례조사 자료	MAB 한국위원회 사무국

○ 유네스코의 "북한 자연자원연구 지원사업" 세부내용

구분	프로젝트명	기 간	목표 및 배경	내 용
1차	북한의 멸종위기 야생 동식물 및 희귀동식물의 보전상태에 관한 조사, 북한의 멸종위기생물종 데이터 갱신 및 분포	2014.7.~ 2015.12. (18개월)	– 북한의 멸종위기식물과 희귀식물 조사를 통한 보호 필요 – "멸종위기 생물종 조사 보고서" 이후 10년간 추가 조사가 이루어지지 않음	– 북한의 멸종위기 및 희귀식물의 보존상태 파악 – 보호 우선순위를 갱신하고 보호관리 개선 권고
2차	묘향산 생물권보전지역의 현장조사 및 친환경역량 강화	2015.1.~ 2016.6. (18개월)	– 고등교육의 친환경교육역량 강화 – 묘향산 사례로 북한 전체에 전파	– 친환경교육 지침서 제작 – 묘향산 생태관광 가이드북 제작
3차	화산분출과 기후변화에 따른 백두생물권보호구의 생태계변화와 기후변화 연구	2016.4.~ 2017.10. (19개월)	– 백두산의 화산활동으로 인한 생태계 파괴를 방어하기 위한 계획 필요 – 백두산의 기후 및 인공적인 영향으로 인한 변화조사	– 백두산에 미치는 영향 평가 (화산활동, 기후변화, 인간활동) – 백두산의 생물종 변화와 분포 및 희귀동물 조사, 서식지 변화 과정 등

4차	생물권보전지역 내 산림생태계 기후변화영향 측정	2016.1.~ 2017.12. (24개월)	– 기후변화에 따른 산림한계선 등의 산림생태계의 변화 파악	– 기후변화가 생물 권보전지역에 미 치는 영향 조사 (온도, 강우량, 온실가스, 현지 동식물 등)
5차	구월산 생물권 보전지역 해안 습지의 생물다 양성 평가	2018.1~ 2018.12. (12개월)	– 구월산 생물권보전 지역 내 연안 습지 의 생물다양성(멸종 위기철새) 보전 필요	– 생물다양성 목 록 제작 – 금산포의 철새보 호지역지정을 위 한 조사 및 제안 서 작성

○ 유네스코 EABRN 사업을 통한 북한 관련 자료집 구축 현황

① 묘향산 생태려행(2017), MAB 북한위원회 발간

② 묘향산 자연관찰(2017), MAB 북한위원회 발간

③ 북한 외래식물 목록과 영향평가(2009), MAB 북한위원회 발간

④ 북한 생물권보호구망 지도첩(2007), MAB 북한위원회 발간

⑤ 북한 주요 자연보호구 동식물 목록(2005), MAB 북한위원회 발간

⑥ 북한 자연보호지역(2005) / MAB 북한위원회 발간

⑦ 구월산 생물권보호구의 보호와 지속적 발전(2003), 북한 과학원

⑧ 금강산 생물다양성(2003), MAB 북한위원회 발간

⑨ 북한 위기 및 희귀동물(2002), MAB 북한위원회 발간

〈 북한 관련 자료집(예시) 〉

국제 NGO 대북지원 사업

○ 주요 사업 : 안변 두루미서식지 조성 및 유기농업 지원

사업명칭(주제)	안변 두루미서식지 조성 및 유기농업 지원 사업
협력유형	현장 시범사업 지원 (유기농 식량증산, 멸종위기종 보호)
협력 메커니즘	다양한 국제 NGO 협력 지원
실행 기관 (협력파트너)	국제두루미재단(International Crane Foundation : ICF), 버드라이프 인터내셔널(Birdlife International) 아시아지역사무소, 한스자이델재단(HSF) ㅇ 협력기관 – 일본 조선대학교 – 동아시아람사르지역센터(순천 소재) : 소액지원사업으로 초기 사업비 지원
사업기간	2008~21015년

북한 내 관련 기관 (단체)	국가과학원, 안변 비산리협동농장
국내(국제) 담당 기관(단체)	한스자이델재단(서울사무소) – 2010년부터 유기농 농법 교육훈 련 등 유기농업과 녹색에너지개발 부분 지원
예산	ICF : 총 $300,000 (매년 $25,000~50,000) 북한 : 축산시설 투자
협력사업 내용	○ 북강원도 북쪽, 금강산 서쪽 사면에 위치한 안변 평야의 두루 미 복원과 비산리 협동농장의 유기농업 도입을 함께 실행함 ○ 이 곳은 과거에 북한의 천연기념물(No. 421)인 두루미(Red- crowned Cranes)의 주요 월동지였으나 1998년부터 두루미 가 전혀 찾아오지 않음. 북한의 식량난으로 인해 주민들이 낟 알 까지 모두 주워 두루미 먹이가 없어졌기 때문임. 남한 내 DMZ 인근 두루미 월동지역 이외에 한반도에서 북한 내 두루 미 월동지로서 복원할 의미가 큼 ○ 안변평야(100㎢)에 두루미를 유인하기 위해 두루미 울음소리 를 스피커로 틀어주고, 중국삼림관리원에서 제공받은 두루미 1쌍을 안변평야에 두고, 두루미 모형을 설치. 추수 후에 논에 물을 채워 습지 조성. 또 2010년 7월 1일 이 곳에 안변두루미 보호구(63 ha)가 지정됨(NCCE, 2014). 한편, 주민생계 향상 을 위해서는 주변 산에 과수묘목심기 등 산비탈에 유기농법과 임농복합경영을 도입함. 2011년에 조성한 유기농장과 연못에 서 두루미의 주 먹이인 미꾸라지와 게를 공급함 ○ 2011년 겨울부터 두루미들이 이 지역을 선회하거나 착지하였는 데, 2015년에는 116마리에 이름. 북한과학원 연구자들은 무논 과 살아있는 두루미를 놔논 것이 두루미들을 유인하는데 가장 중요한 요인으로 봄 ○ 인식증진과 역량형성 - 북한 농장 관계자들을 중국 평두에 보내 12일간 유기농 훈련 (2011년 9월) - 80여명의 농장 책임자와 기술자들에게 유기농업 교육을 실시 하고, 북한의 첫 유기농업 교재를 제작하였고 두루미 보호 브 로셔를 만들어 지역주민과 학생들에게 배포 - 지역 학생들이 두루미 먹이로 수 킬로그램의 메뚜기를 잡아옴 - 비산리협동농장 관리자는 두루미가 비산을 널리 알리고 행운 을 가져오는 촉매제로 여김

사업 특성 및 기타사항	○ 생물종 보호, 서식지 복원만을 위한 사업은 북한 정부와 지역 주민의 관심을 일으킬 수 없다고 판단하여 지역주민의 생계 개선과 서식지 복원을 결합시켜 안변 비산리 협동농장에 유기농 업을 도입함 ○ 북한 정부는 북한의 제5차 국가생물다양성 보고서(NCCE, 2014) 등에서 동 사업을 성공적인 생물다양성 보전사업으로 대내외적으로 소개함. 또한 동 사업을 수행한 북한 관계자(국 가과학원, 비산리협동농장)들은 사업 수행 열정과 헌신성을 보임. ○ 북한의 핵실험으로 사업지원이 중단된 후에 몽골 학자들을 통해 간접적으로 북한 내 다른 지역의 두루미 월동지 보호사업에 참여했으나 미국 정부의 권고에 따라 이것도 2017년 중단 (2017년 10월 27일자 동아일보 기사 http ://news.donga.com/3/all/20171027/86978029/1)
시사점	○ 생물다양성 보전과 지역주민의 생계 및 생활환경 개선 목적을 결합함으로써 북한 정부와 지역주민의 참여를 높이고 성공적 인 사업성과를 거둔 사례임. 조림, 유기농업 등 지속가능한 지 역개발 목표와 환경 복원.보호 목표를 유기적으로 결합한 남 북자연환경협력 사업의 좋은 모델임 ○ 식량, 에너지 등 북한의 시급한 우선과제인 인도적 지원 목적 의 활동과 생물종보호 등 자연환경 분야 남북협력 목적이 결합 했을 때 사업의 실현가능성, 성공적 추진이 훨씬 용이하다고 봄 ○ 향후 남북자연환경협력으로 중단된 안변 사업의 재추진, 그리 고 안변 사업의 모델과 경험을 북한의 다른 두루미 지역(예 : 강령, 문덕, 금야)이나 여타 생물종 및 서식지 보호 및 복원 사 업에 적용 · 확대하도록 검토
사례조사 자료	Healy, H., Archibalc, G. and Westing, A. H. (2017). Social Ecologies in Borderlands : Crane Habitat Restoration and Sustainable Aricultur Project I the Deocratic People's Republic of Korea. Grichting, A. and Zebich-Knos, M. Ed. THe Social Ecology of Border Landscapes. Anthem Press 한스자이델재단 홈페이지 http ://www2.hss.de/no_cache/korea/kr/news-events/2014/project-visit-and-talks-with-hartmut-koschyk-in-dprk.html?sword_list%5B0%5D=%EC%95%88%EB%B3%80

국제협력 관련 북한의 국가계획 사례[100]

북한의 UN 전략 프레임워크 2017-2021

(DPRK United Nations Strategic Framework 2017-2021, UN & MFA of DPRK, 2017)

○ 국가의 노력을 UN 차원에서 지원 (국민 복지와 취약계층 관심)

○ UN이 북한에 원칙적으로 자원을 지원하는 것이 아닌 국제적 표준과 경험을 공유하는 것이 근간

○ 프로그램 4개 분야 (전략적 우선순위)

　① 식량 안보(food and nutritional security)

　② 사회개발서비스(Social Development Service)

　③ 회복력 및 지속성(Resilience and Sustainability) : 생태계 관리, 기후변화 저감/적응, 재해위험 관리 등의 복합적 분야(중점분야 : 지속가능한 에너지 공급 및 재조림 등)

　－ 최근(2004-2015) 5.6백만명이 자연재해(특히 홍수와 가뭄)의 영향을 받음

　－ 재해 대응 역량을 갖추기 위한 UN의 지원 필요 (취약성 지도, 위험 저감, 재해대응 관리 등)

　－ 성 과 : 기후변화 및 재해의 영향에 대한 지역사회(여성 등 취약계층)의 대응 개선, 지속가능하고 근대적 에너지에 대한 지역사회(여성 등 취약계층)의 접근 개선, 환경관리/에너지/기후

100　환경부·국립공원공단(2018) "자연환경분야 남북협력방안 연구" 내용을 토대로 보완·정리

변화/재해위험관리에 있어 공정하고 통합된 접근

④ 자료(DB 수집/관리) 및 개발(정책) 관리(Data and Development Management) : 국제협약/조약의 이행(compliance), 근거에 기반한(evidence-based) 보고서 강화

북한의 FAO 협력 프레임워크 2012-2015

(Country Programming Framework(CPF)

2012-2015 for the Cooperation and Partnership between FAO and the Government of DPRK, FAO, 2012)

○ CPF 2012-2015는 광범위한 자문과정을 통해 작성(북한 이해관계자 및 협력파트너, FAO 본부와 지역사무소의 관련 부서)

○ 북한 정부의 협력(가능한 역량 및 자원 총동원) 약속

○ 핵심 사업 5개 분야

① 식량 안보(food and nutritional security) 강화 : 식량 생산량 강화

② 자연자원 관리 개선 : 토지 보호 및 환경 복구

③ 농촌지역 삶(rural livelihood) 개선 : 인식 증진과 수입원 다양화

④ 농업의 기후변화 영향 저감 및 재해 관리 개선 : 자연재해의 농업에 미치는 영향 저감

⑤ 농업 관련 기관역량(연구·확장·관리) 개선

북한의 자발적감축목표

(INDC; Intended Nationally Determined Contribution of DPRK(2016)

○ 북한 자체 노력으로 2030년까지 배출전망치 대비 온실가스를 8% 저감, 국제사회의 지원(재원 지원, 기술 및 역량 이전 등)이 있다면 40.25%까지 줄일 수 있음

○ 주요 저감 수단 : 핵발전소(2000MW) 건설, 태양열시스템 (1000MW) 설치, 서해 근해 풍력발전단지(500MW) 조성, 육상 풍력발전단지(500MW) 조성 등

  - 재생가능 에너지 활용 강화
  - 지속가능 산림 관리 도입ㆍ강화(including agroforestry)
  - 지속가능한 농업 개발 선진 기법 도입
  - 지속가능한 오수관리 시스템 도입
  - 기후변화에 대응을 위한 대중 인식 증진 및 참여 절차 강화
  - 기후변화 저감을 위한 국제협력 강화 등

북한의 임농복합경영 전략 및 이행계획 2015-2024

(DPRK National Agroforestry Strategy and Action Plan 2015-2024, Ministry of Land and Environment Protection, 2015)

○ 배경 : 산림 및 토지 황폐화, 자연재해 증가 등 심각한 환경문제에 직면 (국가 경제개발 및 삶의 질 저하 야기)

○ 목적 : 임농복합경영(agroforestry) 확대를 통한 직면 문제 해결(경제적, 환경적 혜택)

○ 북한내 주요 사례 : 방풍림, 산지축산, 정원 유실수 식재, 산지농업 (버섯, 약초 등), 간작(intercropping) 등

○ Action Plan(2015-2024)의 자연환경 관련 주요 내용

- 식량과 에너지 시스템을 통합한 임농복합경영 모델 개발

- 멸종위기종 등 생물다양성 보호를 위한 임농복합경영모델 개발

- 지속가능 지역개발을 위한 경관 생태계획(landscape eco-plan) 개발

- 자연재해 위험 저감 : 통합유역관리계획에 따라 수천킬로미터에
  달하는 강변 및 경작지 주변에 강변 숲 조성

- 10,000ha 방풍림 조성

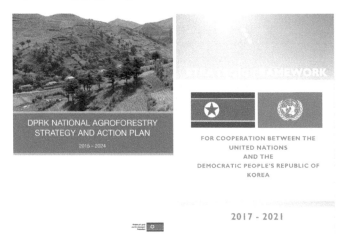

〈 북한 국제협력 내용을 담은 국가계획 보고서 (예시)〉

제2차 국가생물다양성 전략 및 이행계획

(The 2nd National Biodiversity Strategy and Action Plan, DPRK, 2007)

○ 생태계 보전 주요 핵심지역

- 산림생태계 : 백두산, 금강산, 묘향산, 칠보산, 오가산, 구월산

- 습지생태계 : 청천강 하구, 압록강 하구, 태동만 지역, 9.18저수
  지, 두만강하구

- 연안생태계 : 몽금포, 옹진, 리원, 통천 등
○ 주요 프로젝트 19개
① 국가 보호지역 관리시스템 및 관리역량 구축

주요내용	보호지역별 보전목표 설정 및 계획 마련, 법제 강화, 과학연구기관 설립, 정보시스템 구축 등
이행기관	Ministry of Land and Environment Protection, State Academy of Sciences, Ministry of Forestry
협력기관	Ministry of Agriculture, Ministry of Fisheries

② 국가 보호지역 네트워크 시스템 계획·설계

주요내용	기존현황(방풍림 등 보전림 포함) 조사·평가, 생태통로 위치·유형·구조 파악, 국가 보호지역 네트워크 계획 수립, 사회경제적 혜택 평가, 국토개발계획에 통합 등
이행기관	Ministry of Land and Environment Protection, State Academy of Sciences
협력기관	Ministry of Forestry, Ministry of Agriculture

③ 금강산/칠보산 자연공원 생물다양성 보전·관리

주요내용	생물다양성 가치평가, 생태계 관찰센터 설치, 정기적 모니터링/연구 수행, 생물다양성 정보시스템 구축, 생태관광 증진 등
이행기관	State Academy of Sciences, Ministry of Land and Environment Protection
협력기관	The People's Committees of Kangwon and South Hamgyong Provinces, Management Bureau of Tourism

④ 습지 행동 계획 수립 및 훼손된 습지 생태계 복원

주요내용	습지 통합(보전, 관리, 지속가능 이용) 체계 구축, 법체계연구, 홍보 강화, 모니터링 체계 구축, 복원기술 전수, 이동성 조류 보전지 관리계획 수립 등
이행기관	State Academy of Sciences, Ministry of Land and Environment Protection
협력기관	Ministry of Agriculture People's Committees of provincial, municipal and county levels

⑤ Red Data Book 갱신 및 멸종위기종 보전 역량 강화

⑥ 저어새/두루미 보전

주요내용	저어새 산란지역 조사/모니터링, 저어새 산란지 관리 개선, 월동지역 서식지 상태 평가, 지역사회 참여형 관리모델 개발 등
이행기관	State Academy of Sciences, Ministry of Agriculture
협력기관	Ministry of Land and Environment Protection Cultural Relics Conservation Administration

⑦ 인구밀도가 높은 농촌지역의 야생동물 보전관리

⑧ 유전자원의 현지-외 보전을 위한 역량강화

⑨ 국가 생물안정성 센터의 역량 강화

⑩ 훼손 산림 복원 및 집수지역 관리 강화

⑪ 산림 생물다양성 보전 및 지속가능한 관리 모델 개발

⑫ Agro-forestry 관리 보급

⑬ 농업생물다양성 보전 및 환경친화적 농법 보급

⑭ 연안/수생 자원의 증식·지속가능한 이용 및 연안생물다양성 모니터링 시스템 구축

⑮ 고려 약재(Koryo medicine resource)의 보전 및 지속가능 이용

⑯ 생태계 관리 개선을 위한 생태관찰 네트워크 구축

⑰ 국가 생물다양성 정보 시스템 구축

⑱ 지방생물다양성 보전계획 수립

⑲ 생물다양성 보전 관련 교육, 훈련, 대중 홍보 개선

북한의 자연환경 분야 국제협력 동향[101]

북한의 자연환경 관련 주요 국제협력 채널

○ 북한의 국제기구/국제협약 가입 현황

- 북한은 생물다양성과 보호지역 관련한 다양한 국제협약 및 국제
기구에 가입 · 활동하고 있으며, 남 · 북한이 공동으로 가입 · 활동
하고 있는 국제기구와 협약은 아래 표와 같음

- 최근('18.2.) 람사르협약 170번째 당사국으로 가입('18년 5월 16
일 공식 발효), 2개 람사르 습지(Mundok Migratory Bird Reserve,
Rason Migratory Bird Reserve) 지정

협약명/기구명	가입 현황
생물다양성협약 (Convention on Biological Diversity)	Signed June 11, 1992; approved October 26, 1994
국제식물보호협약 (International Plant Protection Convention)	Adhered to text January 16, 1996; adhered to revised text August 25, 2003

---

101 환경부 · 국립공원공단(2018) "자연환경분야 남북협력방안 연구" 내용을 토대
로 보완 · 정리

사막화방지협약 (United Nations Convention to Combat Desertification)	Acceded December 29, 2003
세계유산협약 (World Heritage Convention)	Accepted July 21, 1998
람사르협약(Ramsar)	2018년 5월 16일
유네스코(UNESCO)	1974
유엔환경계획(UNEP)	1994
유엔 아시아태평양 경제사회위원회 (UNESCAP)	1992
세계자연보전연맹(IUCN)	1963 (NCUK, 북한자연보전연맹) 2017 (MoLEP, 국토환경보호성)

○ 국제사회의 환경관련 주요 협력 파트너(북측)

- 지구환경기금(GEF) 지원사업 : 국가환경보호위원회(협력 : 국토
  환경보호성, 국가과학원)
- 유럽연합(EU) 지원사업 : 국토환경보호성 산하 산림과학원[102]
- 유네스코(UNESCO) 지원사업 : 국가과학원(조선유네스코민족위
  원회, 북조선 MAB 위원회)
- 국제두루미재단(ICF) 지원사업 : 국가과학원, 안변 비산리협동농장

---

102 산림과학원은 국립공원공단과 자연생태보호지역에 대한 교류협력 의향서
   (1998., 1999.) 체결한 바 있음(북한 산림과학원의 위탁을 받은 조선아시아태평
   양평화위원회)

- 습지관련협력사업 : 국토환경보호성
- 임농복합경영 관련사업 : 농업성 관개국, 임업성, 삼림관리국
- 세계자연보전연맹(IUCN) 관련 사업 : 북한자연보전연맹, 국토환경보호성

북한의 자연환경 분야 국제활동 사례

○ 동아시아 생물다양성 보전 역량강화 워크숍(2015년 9월)

  ○ 주최 및 주관 : 생물다양성협약(CBD), IUCN

  ○ 시기 및 장소 : 2015. 9. 15.(화)~18.(목), 중국 연길

  ○ 워크숍 주요 참석자 : 12개국(한국, 북한, 중국, 일본 등) 대표, 국제기구 등 총 32명

  ○ 남북협력 관련 주요 논의 사항

    - 북한 '저수지보호림(19.7%)'을 국제적으로 인정받는 보호지역으로 등록 협력

    - 남북 접경철새도래지(저어새 등)의 공동연구협력에 대하여 긍정적

      ※ 남북 이동성 철새의 서식지, 행태 등 연구 및 자료 공유

    - 한반도 고유종·자생종(크낙새, 은어 등)의 보전협력

  ○ 북한에서 제시한 국제협력 논의 사항

    - 보호지역의 공동조사 및 관리방법, 연안구역의 재난 방지 방안 등에 대해 CBD 사무국 측에 협력 요청

    - 보호지역 관리효과성평가(Management Effectiveness Evaluation)에 대한 국제적 "훈련과정"이나 "역량강화 워크숍"의 필요성 언급

〈 동아시아 생물다양성 보전 역량강화 워크숍 〉

○ 동북아지역 보호지역 역량강화 워크숍(2016년 2월)

   O 워크숍 제목 : The Northeast Asia Regional Capacity Building Workshop on Protected Area Management and the IUCN Red List of Threatened Species

   O 개최 시기 : 2016년 2월 29일 ~ 3월 4일

   O 주요 논의 사항 및 북한의 입장

      - IUCN 보호지역 관리 범주를 활용한 가이드라인(Guidelines on using the IUCN PA Management Categories) : NCUK은 IUCN 보호지역 관리 카테고리 지침서의 번역사업과 이의 북한에의 적용 관심

- 구월산 생물권보전지역(Mt Kuwol Biosphere Reserve) : NCUK은 구월산생물권보전지역의 관리강화 제안서 개발하였으며, 이의 실행을 위한 IUCN의 지원(재원 마련) 요청
- 멸종위기종 삽화북(Illustrated Red List Book) : 삽화가 포함된 멸종위기종과 관련된 적색목록 자료집 발간
- 북한 동식물 명명학과 분류학(Nomenclature and Taxonomy of DPRK's Fauna and Flora) : NCUK은 북한 동식물 명명학/분류학 관련하여 시리즈 형태로 출판하고 있으며, 이를 인접국가와 공유 · 확산하기 위한 사업
- 산림 복원(Forest Restoration) : 북한의 우선 사업분야로서 이의 강화를 위한 IUCN의 협력 요청

○ 북한의 습지보전 국제협력 제안(2017년 9월)

  O 북한 습지보전 관련 워크숍(2017년 9월 14일, 홍콩)

  O 북한 참석자가 제안한 "북한 습지보전과 철새보호와 관련된 국제협력 사업" 예시

	사업명	기간	실행기관	예산액 (US$)
1	북한 습지 인벤토리 업데이트	2017.10. ~ 2018.10. (1년)	국토환경보호성 (관련기관 : 문화자원보전국, 국가과학원, 국가자연보호연맹)	134,000
2	습지 및 철새 관련 교육자료 발간을 통한 대중인식 강화	1년	국토환경보호성	45,800
3	습지교육센터 설립	18개월	국토환경보호성	300,000

4	국제적으로 중요한 철새종의 정기 조사 (노랑부리저어새, 넓적부리도요, 두루미, 호사비오리, 개리)	2년	국토환경보호성 (관련기관 : 생물 다양성센터, 국가 과학원, 국가자 연보전연맹)	
5	습지활용 및 시범지 조성을 위한 역량형성 (습지관리계획 개발 및 실행, 문 덕 및 나선 철새보호구의 습지보 전 및 이용을 위한 시범지 조성, 습지 생태고나광 개발 등)		국토환경보호성	

자연환경분야 남북 협력사업(안)

자연환경분야 남북협력 목표 및 전략체계(안)[103]

중장기 목표와 추진전략(안)

○ 기존 협력사업 추진 사례 및 계획 분석, 전문가 포럼, 전문가/보호지역
  관리자 의견수렴 등을 통해 잠재 협력분야와 잠재 협력사업(안) 도출

○ 중장기 목표와 비전 설정

  – 한반도 생태공동체 : 건강한 생태계를 통한 지속가능발전 구현

○ 4개 추진전략 (협력분야)

  – 자연 기반 지속가능발전 도모

  – 한반도 대표 생태계(생물종) 보전

  – 훼손된 생태계(생물종) 복원 및 위협요인 관리

---

103 환경부 · 국립공원공단(2018) "자연환경분야 남북협력방안 연구"에서 도출된
    결과를 토대로 정리

– 자연환경분야 남북협력 기반 강화

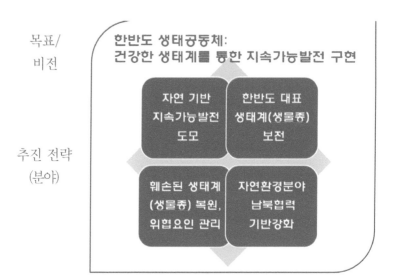

(잠재)협력 추진사업(15개)_안

1	한반도 대표 생태계 및 생물다양성 통합정보 구축 : 주요 생태계 공동조사, 통합DB 구축, 통합 자료집 발간 등
2	DMZ 생태평화공원 지정·조성 – 공동 조사·모니터링, 통합 자료집, 지정 타당성 분석, 추진위원회 구성·운영, 세계유산 추진 등
3	설악–금강 국제평화공원 지정 추진 (국제평화지대화 모색) – 자매공원 체결, 국제평화공원 선포, 생물권보전지역(금강산BR–강원BR–설악산 BR) 연계, 공동 생태관광 프로그램 등
4	한반도 보호지역의 국제적 인증사업 – 세계보호지역데이터베이스(WDPA) 등재, 세계유산, 접경 람사르습지, 접경 생물권보전지역 등
5	한반도 고유종, 멸종위기종 등 보호종에 대한 공동 조사·보전·복원사업 : 크낙새, 반달가슴곰 등
6	국제적 중요 이동성조류(저어새, 두루미 등) 공동 보전사업 – 한반도 두루미/저어새 벨트, 동시조사, 통합 DB 구축, 공동 보전사업 추진 등

7	침입외래종 관리 공동 대응 : 공동조사, 정보공유, 통합DB, 공동 대응 프로그램 마련 등
8	한반도 생태축(백두대간) 복원사업 – 단절구간 분석, 생태통로 설치, 훼손지 복원 등
9	주요 수 생태계 보전 · 복원 공동사업 – 남북 관류하천(임진강/북한강) 공동조사/보전협력, 친환경 수변공간 조성, 훼손 습지/하천 생태계 복원 등
10	해양 생태축 조사 · 보전 사업 : 해양생태계 공동조사, 해양 포유류 공동 모니터링, 석호 공동조사 등
11	자연재해/기후변화 통합대응 협력 – 기후취약 생태계 평가/관리, 통합 정보망, 재해취약성 지도, 공동 대응 시스템 등
12	남북 생태관광 연계/활성화 – 남북 공동 프로그램 개발 · 운영, 설악–금강 강원권, 생태관광 인프라, 전문 인력 양성, 국제적 인증 등
13	임농복합경영(agro–forestry) 지원/협력 – 친환경생산방식 지원, 자연재해 저감 및 생물다양성을 고려한 조림복원모델 개발 등
14	국제협약/국제기구 권고사항 이행 지원 : 국제협약 및 기구(CBD, Ramsar, 유네스코 등)의 국가보고서 작성, 관련 계획 수립, 관리효과성평가 지원 등
15	남북 경협사업으로 인한 환경영향 저감/대응을 위한, 한반도 환경영향평가 제도 개선 사업

○ 추진 배경 및 목적

- UNEP(유엔환경계획), IUCN(세계자연보전연맹) 등 다양한 국제 기구에서 설악–금강 국제평화공원(Hanbando Peace Park)[104] 지정 필요성 제기[105]

- 한반도 남북 국토 생태축의 연결, DMZ의 효과적 보전기반 구축, 생태(안보)관광 등을 통한 지역경제 활성화 도모

---

104 1979년에 IUCN과 UNEP에서 국제평화공원 개념에 대한 언급이후, 다양한 이름으로 유사 개념 제안 발표

105 국립공원 2040 국제심포지엄(2007. 7.)에서 국제평화공원에 대한 기본 개념 발표

- 문재인 대통령 평양시민(15만명) 연설(2018.9.19)에서 "끊어진 민족의 혈맥을 잇고 공동번영과 자주통일의 미래"를 언급

○ 추진 여건

① 자연환경적 여건

- 설악산 국립공원과 금강산 자연공원은 이미 세계자연보전연맹 (IUCN)의 국립공원(카테고리 Ⅱ)으로 등재되어 있음
- 생물다양성 및 야생동식물의 주요 서식지로서 자연환경이 뛰어나며, 백두대간으로 생태계가 연결되어 있음 ⇒ DMZ로 인해 단절되어 있는 한반도 국토 핵심 생태축 연결

설악-금강 국립공원 직선거리 : 약 37km 설악-금강 국립공원 이동거리 : 약 69km

② 사회·경제적 여건

- 남북 정상회담 '평화, 새로운 시작' 모델사업 발굴, 한민족의 평화정착 상징사업 필요
※ 남북 공동평화구역(Peace Zone) : 경제(관광)공동체, 미래 통

일 시대를 위한 실험무대

- 설악산과 금강산은 우리 한민족에게 국립공원 이상의 의미로서, 이미 육로(동해선, 경의선)를 통한 소통이 이뤄진 사례가 있음.
- 또한, 금강산과 설악산을 연계한 관광상품화는 지역 경제 활성화 기여 가능
⇒ 세계적 관광 상품화를 통한 지역 활성화

③ 국제적 여건
- 최근 접경 보호지역(Transboundary)에 대한 국제사회의 관심증가
- 접경보호지역은 국가간 협력 및 평화에의 기여, 생물다양성 보전, 지역 경제에의 기여, 국가간 협력 증진에 기여할 수 있음
⇒ 설악-금강 국제생태평화공원 지정, 세계자연유산 지정 추진 등 국제사회에 남북협력 노력 및 한반도 평화에 대한 홍보 기여

○ 추진 주요 내용
- 설악-금강 국제생태평화공원 지정 타당성(Feasibility study) 분석 : 생태 · 사회 · 경제적 영향 등 포괄적 지정 효과 분석, 지정 여건 분석 등
- 대상지역에 대한 자원(자연, 역사 · 문화, 관광 등) 기초 조사 수행
- 설악-금강 국제생태평화공원 지정관리를 위한 추진 계획 수립

○ 단계별 추진 방향
- 1단계 : 공감대 형성을 통한 추진기반 조성 : 자매공원 체결, 국내외 협력네트워크 및 국제자문단 구성, 타당성 분석연구 및 추진계획(안) 수립 등

- 2단계 : 남북 실무협의 본격화 : 국제평화공원 선포, 남북한 협력 네트워크 구축, 공동조사, 지정근거 마련(최고위급 협정서, 실무급 협정서 체결) 등
- 3단계 : 설악–금강 국제생태평화공원의 세계유산 또는 접경생물권보전지역 등재 추진 등

1단계 (자매공원 MOU 체결)	2단계 (평화공원 선포)	3단계 (DMZ 국립공원 추진)
● 정부 공식의제 채택 및 대북제의 ● 공동프로그램 개발 ● 최고위급 MOU 체결 ● 국제사회 홍보 등	● 설악–금강 생태평화공원 공동 지정 발표 – 설악~향로봉~DMZ~금강산 생태축 연결 ● 공동프로그램 운영	● DMZ는 높은 생물다양성을 유지하나, 각 부처별·지역별로 개발계획을 수립하고 있음 ● 국립공원 지정으로 국가적 보전·관리대책 마련 ※ 접경생물권보전지역(TBR), 세계유산(WH) 지정 연계 추진

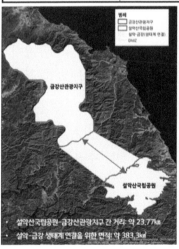

○ 추진 시 기대효과

　① 남북한 생태 축 연결을 통한 한반도 자연생태계 보전

　　- DMZ의 한반도 동서 생태축(DMZ) 보전과 더불어 백두대간으로 이어지는 남·북 국토 생태축 연결(한반도의 대표적 자연생태계 보전)

　　② 세계적 관광 상품 개발을 통한 지역 활성화

　- 전 세계에서 찾아볼 수 없는 유일한 자원으로서, 우리나라 대표적 국립공원과 비무장지대를 연계한 생태 관광을 통해 지역 활성화

③ 국민적 지지를 통한 한반도 평화정착에 기여

　- 남북한 간 공동의 비전 공유, 실질 협력을 통하여 국민적 지지를 이끌어 남북한 긴장완화 및 평화 정착에 기여

DMZ 생태평화공원 지정

○ 추진 배경 및 목적

　- DMZ는 우수한 생태계, 풍부한 역사·문화자원, 한반도의 평화 정착 등 다양한 가치를 보유하고 있는 세계적인 상징 공간

　- 한반도 동서 생태축의 보전, 생태계 보전협력을 통한 한반도 평화 정착 및 생물주권 확보 기여

　- 한반도 생태공동체 구현 및 이를 활용한 생태관광, 생태·문화·역사 등 교육의 장을 활용 가능

○ DMZ의 생태평화공원(국립공원)의 잠재성

　- 국제적인 상징 공간 : 자연 + 역사/문화 + 평화 + 이념

　- 지속가능 번영 기반 : 공동 평화구역(Peace Zone)+생태관광+지

역경제 활성화

- 다양한 관리 대응 : 보전 + 생태복원 + 기후변화 대응
- 전문 관리체계 : 조사/모니터링 + 계획수립 + 관리효과성평가 등

○ 관련 사업 추진 현황

- DMZ에 평화공원 조성은 과거에도 유사하게 제안되었던 사항으로 한반도 긴장완화와 남북관계 발전을 위한 촉매제로서의 상징적 의미 내포(박은진, 2018. 전문가포럼 발표자료)

  ■ 1979년 IUCN, DMZ에 평화공원 조성 제안
  ■ 1988년 노태우 정부, DMZ 내에 평화구역과 평화시 건설 제안
  ■ 1991년 남북기본합의서 채택, 군축과 평화지대화 합의
  ■ 1992년 IUCN과 UNEP, DMZ국제자연공원 조성 제안
  ■ 1995년 김영삼 정부, DMZ의 자연공원화 제의
  ■ 2001년 김대중 정부, DMZ접경생물권보전지역 지정 제의
  ■ 2007년 노무현 정부, 서해평화협력지대 설치/DMZ 협력 확대 발전 합의

- DMZ의 생태평화공원 지정에 대해 다양한 국제기구(UNEP, IUCN 등)에서 제안한 바 있으며, DMZ 일원의 보전 및 지속가능한 이용과 관련하여 중앙정부를 비롯한 해당 지자체에서 다양한 계획(안)이 수립된 바 있음

관련 계획	주요내용
평화·생명지대(PLZ) 광역관광개발계획 (문화체육관광부, 2009)	DMZ를 따라 한반도를 횡단할 수 있는 『DMZ 평화·생명지대(PLZ) 횡단코스』 개발

남북교류 접경권 초광역개발 기본구상 (행정안전부, 2009)	DMZ를 세계적인 "생태 · 평화벨트(Eco-Peace Belt)"로 조성
제4차 국토종합계획 수정계획 (국토해양부, 2006-2020)	남북교류협력 및 통일 전진기지(경기도), 한민족 평화 · 생태지대(강원도)로서 DMZ 관리전략 수립
제3차 수도권 정비계획 (국토해양부, 2006-2020)	지역 특성을 고려한 5개의 클러스터형 산업벨트 중 DMZ 접경지역은 남북 교류 · 첨단산업벨트 해당
접경지역(10개년)종합계획 (행정안전부, 2003-2012)	남북교류협력, 평화통일에 대비한 접경지역 공간적 통합, 낙후지역 탈피, 지속가능한 개발
국가환경종합계획 (환경부, 2006-2015)	DMZ 일원은 국토생태축으로서 백두대간과 연계, 동 · 서 생태축으로 관리, 남북환경협력사업 추진
자연환경보전기본계획 (환경부, 2006-2015)	한반도 생태네트워크 구축의 중점 추진과제의 하나로 '비무장지대 일원의 생태계 보전' 계획
DMZ일원 생태계보전 대책 (환경부, 2005)	DMZ일원 생태계 조사 및 각종 법적 보전지역 지정 추진을 기반으로 대책수립
제2차 관광개발기본계획 (문화체육관광부, 2002-2011)	남북한 관광자원 개발 추진, 남북한 관광개발협력체계 구축
DMZ 세계생태평화공원 종합계획(안) (통일부, 2015)	DMZ 자체의 모습을 최대한 유지하면서 평화 상징성 부각할 수 있는 최소한의 시설 설치
신경제지도 구상 및 경제통일 구현 (통일부 국정과제)	- DMZ 환경/관광벨트 : 설악산, 금강산, 원산, 백두산을 잇는 관광벨트 - DMZ를 생태평화안보 관광지구로 개발 3대 벨트 구축을 통해 한반도 신성장동력 확보

- 환경부의 DMZ 생태평화공원 조성을 위한 기본계획 수립연구 (2009)에 따르면, 비무장지대의 3개지역의 후보지(1. 사천강-경의선-판문점-대성동 자유의 마을, 2. 철원평야-평강고원-추가령구조곡-태봉국도성-한탄강-계웅산-남대천, 3 인북천-송이달-백두대간-을지스카이라인 - 고진동계곡-오소동계곡)에 대한 검토 수행
- 유네스코 생물권보전지역(BR) 지정 추진(2008~2012)
  - 2008년 : 정부 국정과제로 선정
  - 2011년 : 관계기관 합동 지정계획 수립 추진(남측구간 우선 추진)
  - 2012년 : DMZ 생물권보전지역 지정 신청서 제출
  - 2012년 : 유네스코 MAB 제18차 국제자문위원회 심의(심의결과, DMZ 생물권보전지역에 대해서 우수한 생태적 가치를 감안하여 '지정 권고' 결정
  - 2012년 제24차 유네스코 인간과 생물권(MAB) 국제조정이사회 결과 DMZ 생물권보전지역 지정 유보
  - 통일부의 신경제지도 구상에는 3대 벨츠 구축을 통한 한반도 신성장 동력 확보를 언급(DMZ를 생태평화안보 관광지구)하고 있으며, 최근 판문점 선언 이행을 위한 군사분야 합의를 보면 비무장지대를 평화지대로 만들어 나가기 위한 군사적 대책 강구에 대해 합의

○ DMZ의 국내법적 지위
  - 자연유보지역 : 사람의 접근이 사실상 불가능하여 생태계의 훼손이 방지되고 있는 지역 중 ~~ 관할권이 대한민국에 속하는 날부

터 2년간의 비무장지대

– 환경부장관은 자연유보지역의 종합계획 또는 방침 수립(제22조)

– 자연유보지역의 행위제한 및 중지명령 : 생태경관보전지역의 핵심
구역에 해당, 다만 비무장지대 안에서 남/북한간의 합의에 의하여
실시하는 평화적 이용 사업과 통일부 장관이 환경부장관과 협의하
여 실시하는 통일정책관련 사업에 대하여는 그러하지 아니함

– 토지 등의 매수 근거(제19조) 를 두고 있음

○ 단계별 추진 방향

– 공감대 형성 → DMZ 생태평화공원 지정 → 세계평화의 상장공간
으로서 DMZ 구현

단계별 추진방향

1단계 공감대 형성

☑ DMZ 생태평화공원 추진위원회(합동 TF) 구성
☑ DMZ 생태평화공원 지정 타당성(Feasibility Study) 조사
☑ 특별법 제정 등 제도적 여건 구축

2단계 DMZ 생태평화공원 지정

☑ 평화협정 체결과 병행하여, 남북 공동 DMZ 생태평화공원 지정
☑ 공동관리위원회(실무위원회) 구성·운영
☑ 공동 DMZ 생태평화공원 종합계획 수립
※ 국회/최고인민회의 '비준' 필요

3단계 세계 평화의 상징공간으로서의 DMZ 구현

☑ "세계자연유산", 또는 "생물권보전지역" 지정 추진

○ 추진 전략(원칙)_제안: 환경·경제·사회의 지속한 번영을 위한 세
계적인 평화의 상징 공간 창출

1. DMZ 일원은 후세에 물려줄 자원으로서 장기적 관점에서 관리방
안 수립

2. DMZ 내부는 원칙적으로 보존을 목적으로 관리

3. DMZ 일원의 생태계 우수지역에 대한 효과적 보전수단(국립공원 지정 등) 마련

4. 일체의 개발 및 이용은 DMZ 내부가 아닌 민통선지역과 접경지역을 우선 대상

5. 불가피한 개발의 경우라도 지하공간 및 지상공간 활용을 추진하며, 지표개발은 지양

6. DMZ 일원의 자원의 지속성을 고려한 경제활동 추구

7. 남북간 협력에 의한 이익창출 및 공유 추진

8. 남북간의 정치적 현황을 고려하여 단계별 전략적 추진방안 마련 및 추진

9. 국제기관의 적극적 참여를 유도하며, 국제사회에서 주요 이슈화

○ DMZ 보전 기본원칙(안) : DMZ Eco-Peace Park(전 세계 인류(현세대+미래세대)의 유산으로)

 - DMZ의 진정성(Authenticity) & 완전성(Integrity), "최대한 있는 그대로"

  ※ 기존 설악산 생물권보전지역, 금강산 생물권보전지역, 강원 생태평화 생물권보전지역 등과의 연계를 통한 접경 생물권보전지역(Transboundary Biosphere Reserve) 지정 또는 세계 유산(World Heritage) 등재 추진

 - 점적 개념의 "평화기념공원"이 아닌, 전체를 대상으로 하는 접경 보호지역 개념의 생태평화공원

 - DMZ 전체를 대상으로 보전 종합계획(방침) 수립 (DMZ 일원 포함)

- DMZ 인접(일원) 지역을 활용한 지역의 지속가능발전 도모(보호지역에 기반한 지역사회의 지속가능발전 모델 창출, 지역 활성화를 위해서는 DMZ 내부보다는 인접지역을 활용한 모델을 구상하는 것이 바람직)

  ※ 기존 제안된 지역차원의 환경협력 구상을 연계·활용 검토 (인제 평화생명동산, 설악-금강 한반도평화공원, 금강-설악-철원 삼각평화공원, 판문점 및 초평도 일대 평화생태공원, 태풍전망대 및 임진강 일대 평화생태공원, 철원 생창리 생태평화공원 및 생태탐방로 조성, 연천-철원-평강 지질공원 등)

- DMZ 동서 생태축 단절 없이, 한반도 남북 생태축 연결(동북아 생태네트워크 구상과 연계)

- 군(Military Reservations)과의 협력체계 (환경협력장치) 강화

  ※ Integrated Natural Resources Management Plan(U. S. Department of Defense and U.S. Fish & Wildlife Service), Sikes Act(1960)

- 시설 및 이용 요구에 대한 엄밀한 환경성 원칙 적용

- 공정하고 효과적인 거버넌스 체계 구축 등

자연환경분야 남북협력 강화를 위한 법·제도 개선

○ 기존 남북간 환경관련 합의사항에 대한 면밀한 검토를 통해, 이의 효과적 이행을 위한 추진여건 마련을 위한 법제도적 개선

   – 생태협력을 통한 "건강한 한반도 생태공동체 구현"에 대한 목표 구체화

   – "남북교류협력에 관한 법률" or "남북교류협력사업 처리에 관한 규정"에 남북경협사업자가 환경성원칙(환경가이드라인)을 고려하여 협력사업계획서(환경관리계획)를 작성하도록 규정

   – 협력사업 시행 보고 사항에 환경관리계획 이행현황 포함

   – "남북교류협력에 관한 법률"의 남북교류협력 추진협의회(제4조, 제5조) 및 실무 위원회(제8조) 구성 時 자연환경 전문가 참여 확대

   – "남북관계발전 기본계획"에 남북교류협력사업의 구체적인 "환경성 원칙" 제시, 적용방안/모니터링 방향 등 제시

남북교류협력 환경성원칙(안)

❙ 모든 남북협력 사업은 UN 지속가능발전목표(SDGs) 성취에 기여할 수 있어야 하며, 환경적으로 지속가능발전을 증진하는 방향으로 수행해야 한다.

※ 지속가능발전목표(SDGs): UN에서 2015년 채택한 의제로 경제성장, 사회적 포용, 지속가능한 발전(환경적 측면)의 분야에 대한 17개 목표(169개 세부목표)로 구성되어 있으며 2030년까지 이행 (경제 성장, 건강한 삶, 기후변화 등 경제·사회·환경의 통합된 접근과 조화를 고려하고 있는 광범위한 이슈 포함)

❙ 모든 남북협력 사업은 협력사업이 이뤄지는 지역(사업 수행현장)의 환경 관련 법·제도·정책·계획을 이해하고, 이를 준수하여 적용·시행되어야 한다.

※ 북한 환경관련 일반법(예시): 환경보호법, 환경영향평가법, 국토계획법

※ 북한 환경관련 특별법(예시): 경제개발구 환경보호규정, 개성공업지구 환경보호규정, 금강산국제관광특구 관광규정, 라선경제무역지대 관광(개발)규정 등

❙ 모든 남북협력 사업은 한반도의 대표 생태축(백두대간 남북생태축, DMZ 동서 생태축, 하천 생태축 등)의 연결성을 저해하지 않아야 한다.

❙ 모든 남북협력 사업은 한반도의 중요 자연생태·경관, 생물·문화·지질다양성이 풍부한 지역 등 보전가치가 높은 지역을

훼손·저해하지 않아야 한다.

｜모든 남북협력 사업은 한반도에 거주하는 모든 국민의 건강 및 환경권 확보를 강화할 수 있는 방향으로 추진되어야 하며, 훼손된 생태계(경관)는 적극 복원한다.(CBD Post-2020 GBF 복원 목표 성취 기여)

｜모든 남북협력 사업은 자연혜택의 중요성과 가치에 대한 인식에 기초하며, 자연자산에 대한 지속가능한 접근·이용·향유를 원칙으로 추진한다.

｜모든 남북협력 사업은 사업계획서의 수립, 사업수행, 결과보고 등 사업 추진 전반에 걸쳐 환경관련 전문가의 참여를 보장해야 한다.

｜모든 남북협력 사업은 환경관련 국제협약(생물다양성협약, 람사르협약, 사막화방지협약, 기후변화협약 등) 및 국제기구(유네스코, UNEP, OECD, IUCN 등)의 권고사항을 존중해야 한다.

｜모든 남북협력 사업자는 사업계획서에 환경성 기본원칙을 고려한 환경관리계획을 수립·반영해야하며, 이의 이행 결과를 공개(보고)해야 한다.

○ UN 제재 해제 등 협력여건 개선시를 대비하여, 자연환경분야 남북
　상호교류 · 협력사업 증진을 위한 법적 기반 강화

　－ "환경정책기본법"의 남북간 환경부분 교류 · 협력(법 제27조의3[106])
　　조항 신설에 따라 교류협력 활성화를 위한 지원방향 등에 관한 시
　　행령/규칙/규정 마련

　※ 참고사례: 문화재보호법 제18조(남북한 간 문화재 교류 협력)
　　에 따른 지원방향을 시행령[107]에 정하고 있으며, 문화재기본계
　　획(법 제6조)에 남북한 간 문화재 교류 협력에 관한 사항을 담
　　도록 하고 있음

　－ "자연환경보전법"에 남북 간 생태협력 강화를 위한 근거 조항 마련

　※ 참고사례: 산림기본법 제9조(국제협력 및 통일대비 정책) ②산
　　림 보전 및 이용 관련 상호 교류와 협력 증진 노력, ③관련 정책/
　　제도/현황 등에 관한 조사 · 연구, ④국제기구/외국정부/관련기
　　관 · 단체 국제협력 촉진 등을 담고 있음(②항~④항 2019년 12
　　월 3일 신설)

다양한 남북협력 채널 확보

○ 기존의 대북 원조 · 협력 네트워크와 연계

　－ UN 등 국제사회의 북한에 대한 원조 약정총액(COMMITMENTS)
　　은 약 26억불('73~'11)에 해당(미국 7억 8천 9백만불, 유럽연합 6

---

106 제27조의3(남북 간 환경부문 교류 · 협력) 정부는 남북 간 환경 · 생태 관련 실
　　태조사 · 공동연구 등 환경부문 교류 및 협력의 활성화를 위하여 노력하여야 한
　　다 (본조신설 2021. 1. 5.)

107 시행령 제9조(남북한 간 문화재 교류협력)를 통해 "교류협력사업"을 지원할 수
　　있는 대상과 절차를 제시하고 있음

억 1천 3백만불, UN관련기구 총 1억 7천 1백만불, 녹일 1억 6천
2백만불, 스위스 1억 3천 2백만 불 등)

- 대북 원조를 주도적 역할을 수행(미국, 노르웨이, 스웨덴, 스위스,
  핀란드, 독일, 호주 그리스, 덴마크, 캐나다, 스페인, 오스트리아
  등)해온 국가들이 기 구축해 놓은 원조 및 협력 네트워크 활용

○ 북한이 활동하고 있는 국제기구, 국제협약 네트워크 활용

- 유네스코, 세계자연보전연맹(IUCN) 등 북한의 정부/비정부 기구
  가 회원으로 가입되어 활동하고 있는 국제협약/국제기구를 중심
  으로 관련 전문가 및 협력 네트워크 활용

- 생물권보전지역, 람사르습지 지정 등 북한이 관심을 갖고있는 사
  업 분야에 대한 네트워크 강화

※ 2016년부터 강화된 대북제재와 악화된 국제관계에도 불구하고
  람사르협약 등 습지관련 국제협력 사업들이 중단되지 않고 지금
  까지 진행되어 온 점에 주목 필요

북한의 관련 국가계획 및 국제사회 권고사항 이행 협력

○ 국제사회의 요구를 반영한 북한의 국가계획 내용 파악 및 이의 효과
  적 이행을 위한 협력 강화

- 북한의 자발적감축목표(INDC)에 따르면(DPRK, 2016) 국제사
  회의 지원이 있으면 2030년까지 배출전망치의 40.25%까지 줄일
  수 있는 것으로 기술

- 주요 저감수단으로 언급하고 있는 것 중 생태협력과 관련된 항목
  으로 재생가능 에너지 활용, 지속가능 산림관리, 지속가능 농업
  등 다양한 형태의 협력이 가능할 것으로 판단됨

- 북한의 임농복합경영전략(2015-2024) 이행 협력: 멸종위기종 등 생물다양성 보호를 위한 임농복합경영모델 개발, 지속가능 지역개발을 위한 경관생태계획(Landscape Eco-plan) 개발 등

○ 국제사회(생물다양성협약, UN SDGs, 람사르협약, 생물권보전지역 등)에서 권고하고 있는 사항을 남북이 공동으로 대응하고 이행을 강화할 수 있는 사업 발굴 이행

- 생물다양성협약(CBD) Post-2020 Global Biodiversity Framework 채택(COP-15 채택 예정, 22년 3/4분기, 중국 쿤밍)에 따른 글로벌 목표 성취 기여 및 건강한 한반도 생태공동체 구현을 위한 남북공동 협력 필요

- Post-2020 GBF의 글로벌 목표[108] 공동이행 : 한반도의 생태계 대표성 보전, 보호지역과 OECM을 통한 30by30 이행[109] 등

○ 다양한 측면(재원, 기술/역량 등)의 지원이 가능한 국제기구(지구환경기금, 세계은행, 유네스코, IUCN, WWF, GCF 등)와 협력하여 공동 프로젝트 개발

국가 차원의 상징적 사업 발굴 · 추진

○ 비정치 분야인 생물다양성 분야의 남북협력 강화를 통한 평화 정착 기여

---

108 총 21개 Action Targets 논의 중: 생물다양성 위협요인 저감 관련(8개 목표), 지속가능한이용과 이익공유 관련(5개 목표), 이행 및 주류화를 위한 도구 및 해결책 관련(8개 목표)

109 Action Target 3. (특히, 생물다양성, 인간에 대한 생물다양성의 기여에 중요한 지역 등) 전 세계 육상 및 해양 지역의최소 30%가 효과적이고 공평하게 관리되며 생태적 대표성과 연결성이 확보된 보호지역 및 기타 효과적인 지역기반 보전수단(OECMs)을 통해 보전되며, 이들 지역이 보다 광범위한 육상/해양 경관에 통합

○ 설악-금강 국제평화공원, DMZ 생태평화공원 지정 등 상징성이 높고 국제 평화에 기여할 수 있는 사업 여건 조성 등 지속적인 추진 필요 (유네스코 생물권보전지역(Biosphere Reserve), 세계유산(World Heritage) 등재 추진과 연계)

○ 남북이 공동 작업을 통해 한반도 생태공동체 구현을 위한 공동결과물 창출(예시 : 한반도 생물지, 한반도 보호지역 Atlas 제작 등)

부록

새로운 글로벌보전목표(K-M GBF) 성취를 위해 고려해야 할 사항

새로운 글로벌보전목표(K-M GBF) 성취를 위해 고려해야 할 사항

Kunming-Montreal Global Biodiversity Framework

(Section C. Considerations for the implementation of the framework)

7. 비전, 미션, 목표(목적), 실천목표를 포함한 K-M 글로벌 생물다양성 프레임워크는 아래 사항과 일관되게 이해, 실행, 적용, 보고 및 평가되어야 한다 : The framework, including its Vision, Mission, Goals and Targets, is to be understood, acted upon, implemented, reported and evaluated, consistent with the following:

토착원주민 지역공동체의 기여와 권리 (Contribution and rights of indigenous peoples and local communities)

8. 프레임워크는 생물다양성의 관리자이자 보전·복원 및 지속가능한 이용의 동반자(파트너)로서 토착원주민지역공동체의 중요한 역할과

기여를 인정한다. 프레임워크 이행은 관련 국가 법률, 유엔 원주민 권리 선언(UNDRIP)을 포함한 국제 규정, 인권법에 따라 토착원주민 지역공동체(IPLC)의 권리, 생물다양성 관련 전통지식을 포함한 지식, 혁신, 세계관, 가치, 관행이 의사결정에 효과적이고 전적인 참여와 자유로운 사전통보승인(FPIC)으로 존중되고, 문서화되고 보존되도록 보증한다. 이러한 관점에서 프레임워크의 어떤 사항도 토착원주민의 현재 권리와 미래에 획득할 수 있는 권리를 감소시키거나 소멸시키는 것으로 해석될 수 없다. The framework acknowledges the important roles and contributions of indigenous peoples and local communities as custodians of biodiversity and partners in the conservation, restoration and sustainable use. Its implementation must ensure their rights, knowledge, including traditional knowledge associated with biodiversity, innovations, worldviews, values and practices of indigenous peoples and local communities are respected, documented, preserved with their free, prior and informed consent, including through their full and effective participation in decision-making, in accordance with relevant national legislation, international instruments, including the United Nations Declaration on the Rights of Indigenous Peoples, and human rights law. In this regard, nothing in this framework may be construed as diminishing or extinguishing the rights that indigenous peoples currently have or may acquire in the future.

다양한 가치 체계 (Different value systems)

9. 자연은 생물다양성, 생태계, 대지(Mother Earth), 생명계 등 사람에 따라 서로 다르게 자리한다. 인간에 대한 자연의 기여(혜택) 또한 생태계 재화와 서비스, 자연의 선물 등 다양한 개념으로 나타난다. 자연과 자연이 인간에게 주는 혜택은 자연과 조화로운 삶, 대지와의 균형 및 조화를 이루는 삶, 복지를 포함한 인류의 생존과 양질의 삶에 필수적이다. 프레임워크는 국가에 따라 자연의 권리와 대지의 권리를 인식하는 것을 포함하여 이러한 다양한 가치 체계와 개념이 성공적인 프레임워크 이행에 필수적인 부분으로 인식하고 고려한다. Nature embodies different concepts for different people, including biodiversity, ecosystems, Mother Earth, and systems of life. Nature's contributions to people also embody different concepts, such as ecosystem goods and services and nature's gifts. Both nature and nature's contributions to people are vital for human existence and good quality of life, including human well-being, living in harmony with nature, living well in balance and harmony with Mother Earth. The framework recognizes and considers these diverse value systems

and concepts, including, for those countries that recognize them, rights of nature and rights of Mother Earth, as being an integral part of its successful implementation.

모든 정부 및 사회 전반의 접근 (Whole-of-government and whole-of-society approach)

10. 이 프레임워크는 모두를 위한, 즉 모든 정부와 사회 전반을 위한 체계이다. 프레임워크의 성공은 정부 고위급의 정치적 의지와 인식이 필요하며, 모든 정부 부처와 모든 사회 구성원의 활동과 협력에 달려 있다. This is a framework for all ─ for the whole of government and the whole of society. Its success requires political will and recognition at the highest level of government, and relies on action and cooperation by all levels of government and by all actors of society.

국가별 상황, 우선순위 및 역량 (National circumstances, priorities and capabilities)

11. 프레임워크의 목표와 실천목표는 본질적으로 글로벌 목표이다. 각 당사국은 국가별 상황, 우선순위, 역량에 따라 그 달성에 기여할 것이다. The goals and targets of the framework are global

in nature. Each Party would contribute to attaining the goals and targets, of the global biodiversity framework in accordance with national circumstances, priorities and capabilities.

실천목표를 향한 집단적 노력 (Collective effort towards the targets)

12. 당사국들은 모든 수준에서 광범위한 대중의 지지를 동원하여 프레임워크 이행을 촉진할 것이다. The Parties will catalyse implementation of the framework through mobilization of broad public support at all levels.

개발권 (Right to development)

13. 1986년 유엔 개발권 선언을 인정하며, 이 프레임워크는 책임감 있는 지속가능 사회경제적 발전을 가능하게 함과 동시에 생물다양성 보전과 지속가능한 이용에 기여한다. Recognizing the 1986 United Nations Declaration on the Right to Development, the framework enables responsible and sustainable socioeconomic development that, at the same time, contributes to the conservation and sustainable use of biodiversity.

인권 기반 접근 (Human rights-based approach)

14. 프레임워크 이행은 인권을 존중하고 보호하며 증진하고 실현하는 인권-기반 접근법을 따라야 한다. 프레임워크는 깨끗하고 건강하며 지속가능한 환경에 관한 인간의 권리를 인정한다. The implementation of the framework should follow a human rights-based approach respecting, protecting, promoting and fulfilling human rights. The framework acknowledges the human right to a clean, healthy and sustainable environment.

성 (gender)

15. 프레임워크의 성공적인 이행은 양성평등, 여성과 소녀의 권한 강화 보장과 불평등 감소에 달려 있다. Successful implementation of the framework will depend on ensuring gender equality and empowerment of women and girls and reducing inequalities.

협약 · 의정서의 3대 목적 실행과 균형 잡힌 이행 (Fulfilment of the three objectives of the Convention and its Protocols and their balanced implementation)

16. 프레임워크 목표와 실천목표는 생물다양성협약의 3대 목적에 균형 있게 기여하기 위한 것으로 통합적이다. 프레임워크는 3대 목적,

생물다양성협약, 생물안전성에 관한 카르타헤나의정서, 접근 및 이익 공유에 관한 나고야의정서의 조항에 따라 적절하게 이행해야 한다. The goals and targets of the framework are integrated and are intended to contribute in a balanced manner to the three objectives of the Convention on Biological Diversity. The framework is to be implemented in accordance with these objectives, with provisions of the Convention on Biological Diversity, and with the Cartagena Protocol on Biosafety and the Nagoya Protocol on Access and Benefit-sharing, as applicable.

국제 협정 또는 문서와의 일관성 (Consistency with international agreements or instruments)

17. 글로벌 생물다양성 프레임워크는 관련 국제적 의무에 부합되게 이행해야 한다. 프레임워크의 어떤 것도 협약 또는 다른 국제 협정의 당사국 권리와 의무를 수정하는 합의로 해석되서는 안된다. The global biodiversity framework needs to be implemented in accordance with relevant international obligations. Nothing in this framework should be interpreted as agreement to modify the rights and obligations of a Party under the Convention or any other international agreement.

리우 선언의 원칙 (Principles of the Rio Declaration)

18. 프레임워크는 모든 생명체의 이익을 위해 생물다양성 손실을 역전시키는 것이 인류의 공통 관심사라는 것을 인정한다. 프레임워크의 이행은 환경과 개발에 관한 리우 선언의 원칙에 따라 진행되어야 한다. The framework recognizes that reversing the loss of biological diversity, for the benefit of all living beings, is a common concern of humankind. Its implementation should be guided by the principles of the Rio Declaration on Environment and Development.

과학과 혁신 (Science and innovation)

19. 프레임워크의 이행은 과학, 기술, 혁신의 역할을 인식하여 과학적 증거, 전통 지식과 관행에 근거하여 이행되어야 한다. The implementation of the framework should be based on scientific evidence and traditional knowledge and practices, recognizing the role of science, technology and innovation.

생태계 접근법 (Ecosystem approach)

20. 프레임워크는 협약의 생태계 접근법을 기반으로 이행되어야 한다. This framework is to be implemented based on the ecosystem

approach of the Convention

세대간 형평성 (Inter-generational equity)

21. 프레임워크 이행은 미래세대의 필요를 충족할 수 있는 능력을 손상시키지 않으면서 현재의 필요를 충족하고, 모든 수준의 의사결정 과정에서 젊은 세대의 의미있는 참여를 보장하는 것을 목표로 하는 세대 간 형평성의 원칙을 따라야 한다. The implementation of the framework should be guided by the principle of intergenerational equity which aims to meet the needs of the present without compromising the ability of future generations to meet their own needs and to ensure meaningful participation of younger generations in decision making processes at all levels.

정규 및 비정규 교육 (Formal and informal education)

22. 프레임워크를 이행하려면 과학-정책 접점 연구와 평생 학습 과정을 포함한 모든 수준에서 전환적, 혁신적, 학제적, 정규, 비정규적 교육이 필요하며, 토착원주민 지역공동체의 다양한 세계관, 가치 및 지식 시스템을 인정해야 한다. Implementation of the framework requires transformative, innovative and transdisciplinary education, formal and informal, at all levels, including science-

policy interface studies and lifelong learning processes, recognizing diverse world views, values and knowledge systems of indigenous peoples and local communities.

재원 접근성 (Access to financial resources)

23. 프레임워크의 완전한 이행을 위해 적절하고 예측 가능하며 쉽게 접근할 수 있는 재원이 필요하다. The full implementation of the framework requires adequate, predictable and easily accessible financial resources.

협력 및 시너지 (Cooperation and synergies)

24. 생물다양성협약과 부속 의정서, 생물다양성 관련 다른 협약, 기타 다자간 환경협정, 국제적 기구와 절차 간의 향상된 협업, 협력, 시너지가 각각의 역할에 따라 전 지구, 지역, 국가 차원에서 보다 효율적이고 효과적인 방식으로 프레임워크의 이행에 기여하고 촉진할 것이다. Enhanced collaboration, cooperation and synergies between the Convention on Biological Diversity and its Protocols, other biodiversity-related conventions, other relevant multilateral agreements and international organizations and processes, in line with their respective mandates, including at the global, regional,

subregional and national levels, would contribute to and promote the implementation of the global biodiversity framework in a more efficient and effective manner.

생물다양성과 건강 (Biodiversity and health)

25. 프레임워크는 생물다양성 및 건강과 협약 3대 목적 사이의 상호 연결성을 인정한다. 프레임워크는 과학에 기반을 둔 통합적 접근법 중 One Health 접근법을 고려하여 이행하며, 여러 부문, 학제, 공동체와 함께 협력하고 사람, 동물, 식물 및 생태계의 건강과 지속 가능한 균형 및 최적화를 목표로 한다. 생물다양성과 관련된 의약품, 백신, 관련된 기타 건강 제품 등의 도구와 기술에 대한 공평한 접근의 필요성을 인식하는 한편, 건강에 대한 위험을 줄이기 위해 생물다양성에 대한 압력을 줄이고 환경 악화를 줄여야 할 긴급성을 강조하고 실질적인 접근과 이익 공유 협정을 개발해야 한다. The framework acknowledges the interlinkages between biodiversity and health and the three objectives of the Convention. The framework is to be implemented with consideration of the One Health Approach, among other holistic approaches that are based on science, mobilize multiple sectors, disciplines and communities to work together and aim to sustainably balance and optimize, the health

of people, animals, plants and ecosystems, recognizing the need for equitable access to tools and technologies including medicines, vaccines and other health products related to biodiversity, while highlighting the urgent need to reduce pressures on biodiversity and decrease environmental degradation to reduce risks to health, and, as appropriate, develop practical access and benefit−sharing arrangements.

생물다양성⁺ 더불어
허학영

인쇄 2023년 11월 8일
발행 2023년 11월 15일

발행인 이은선
발행처 반달뜨는 꽃섬 [서울시 송파구 삼전로 10길50, 203호]
연락처 010 2038 1112   E-MAIL itokntok@naver.com

ⓒ 허학영, 저작권 저자 소유

ISBN 979-11-91604-28-3 93470